风能产业
专利分析报告

陈汉君◎著

U0285278

知识产权出版社
全国百佳图书出版单位
—北京—

图书在版编目（CIP）数据

风能产业专利分析报告/陈汉君著. —北京：知识产权出版社，2023.7
ISBN 978 - 7 - 5130 - 8799 - 5

Ⅰ. ①风… Ⅱ. ①陈… Ⅲ. ①风力能源—专利—分析—研究报告—世界 Ⅳ. ①TK81 - 18

中国国家版本馆 CIP 数据核字（2023）第 114874 号

内容提要

本书利用国内外多个知名数据处理平台对风能产业各相关子领域进行专利计量分析。依据行业专家的相关意见及产业内常规的分类方式，将风能产业相关的技术分为风力发电机组、风力发电机组结构件、风力发电机组控制系统、风力发电机四个子领域，对相关专利进行专利信息内容、数量、变化趋势的初步组合统计与分析，尝试从专利分析的角度提出一些有价值的分析结果。

本书适合风能产业相关从业人员阅读。

责任编辑：武　晋　　　　　　　　**责任校对**：谷　洋
封面设计：邵建文　马倬麟　　　　　**责任印制**：孙婷婷

风能产业专利分析报告
陈汉君　著

出版发行：知识产权出版社有限责任公司　　　　**网　　址**：http：//www.ipph.cn
社　　址：北京市海淀区气象路 50 号院　　　　**邮　　编**：100081
责编电话：010 - 82000860 转 8772　　　　　　**责编邮箱**：windy436@126.com
发行电话：010 - 82000860 转 8101/8102　　　**发行传真**：010 - 82000893/82005070/82000270
印　　刷：北京中献拓方科技发展有限公司　　　**经　　销**：新华书店、各大网上书店及相关专业书店
开　　本：787mm×1092mm　1/16　　　　　　**印　　张**：14.25
版　　次：2023 年 7 月第 1 版　　　　　　　　**印　　次**：2023 年 7 月第 1 次印刷
字　　数：320 千字　　　　　　　　　　　　**定　　价**：98.00 元
ISBN 978 - 7 - 5130 - 8799 - 5

专利是技术创新的重要指标之一。通过分析某个技术领域的专利数量、趋势和分布情况，可以了解该领域的技术创新动态和发展方向，揭示技术的热点领域、创新趋势以及新兴技术的涌现情况。本书利用国内外多个知名数据处理平台对风能产业各相关子领域进行专利计量分析，并对分析结果进行一定程度上的总结。

风能作为可再生能源的重要组成部分，近年来得到全球范围内的广泛关注和迅速发展。风能产业的创新和技术进步对于推动清洁能源转型、应对气候变化以及实现可持续发展目标具有重要意义。风能产业的专利数量多且分类复杂，在分类上，我们依据行业专家的相关意见及产业内常规的分类方式，将风能产业相关的技术分为风力发电机组、风力发电机组结构件、风力发电机组控制系统、风力发电机四个子领域。

通过对风能产业的专利进行专利信息内容、数量、变化趋势的初步组合统计与分析，尝试从专利分析的角度提出一些有价值的分析结果。希望能够通过对专利数据的分析，揭示风能产业中的热点技术、领先企业以及创新趋势，为我国风能产业发展提供有价值的决策支持。

Contents / 目录

绪论

研究背景

1. 技术概况

风能是一种绿色可再生能源，具有绿色、清洁的特点，在当前传统能源紧张的背景下，风能资源的开发成为人们关注的重点，也是未来发展的重要方向。在当前时代背景下，全球传统能源紧张促使人们进一步加快可再生清洁能源的开发，尤其是风力发电，已逐渐在全球掀起一股发展热潮。相关研究发现，近年来全球风电装机容量每年平均复合增长率为 5%，尤其是在亚洲国家与地区，在风电产业政策支持下其产业发展进一步加快。

风能是当前和未来产业界所重点关注的新型能源，我国是风能资源丰富的国家之一，且分布广泛，如新疆、青海、甘肃等地。而且内陆局部地区与沿海地区资源丰富，具有广阔的发展空间，促使我国风力发电规模不断增长，满足现阶段发展需求。近年来，我国风电装备的技术能力有了较大提高，在风机零部件方面除满足国内需求外还有大量出口，但在风机整机的研发和设计上，依然没有掌握核心技术。在科学技术迅猛发展的背景下，风力发电产业中的科技型企业技术创新已经成为产业技术创新体系的重要组成部分。科技型企业在风力发电产业中的知识产权创造、管理、保护、运用等驾驭能力影响到产业整体创新实力的提升。在知识经济时代，作为一种重要的无形资产，知识产权的管理和保护越来越受到企业主体的关注。但就实际情况来看，因受到规模、技术等方面的限制，风力发电产业相关企业在知识产权方面还存在着管理粗放、管理架构不完善、知识产权质量不高等一系列问题，严重制约了风力发电产业的科技创新和发展。[1]

随着现阶段世界各国的经济迅速发展，对于能源的需求量进一步增加，风能作为一种清洁型可再生能源，其在发展过程中已经受到各国的青睐，结合现阶段风电技术发展的实际情况，其发展现状从以下方面展开。

---

[1] 董莎，陈汉君. 科技型中小企业知识产权信息管理平台构建研究 [J]. 电子知识产权，2017 (5)：69－74.

风力涡轮机设计：风力涡轮机设计不断改进，以提高其效率和可靠性。新一代的涡轮机采用更长的叶片和更大的转子直径，以增强风能捕捉能力。此外，采用先进的材料和制造技术，提高涡轮机的耐久性和性能。

增强风能捕捉：为了增强风力涡轮机对风能的捕捉能力，采用了一系列技术。这包括扩大涡轮机的扫描面积，使用高效的气动轮廓和叶片控制技术，以及优化涡轮机的布局和排列方式。

高海拔和低风速地区的开发：传统的风能开发主要集中在高风速地区，但近年来，越来越多的项目开始在高海拔和低风速地区开发。新的涡轮机设计和技术使得在这些地区也能够进行有效的风能开发。

海上风能：海上风能是风能产业的重要发展方向。海上风电场可以利用海上风能资源，避免土地限制，并且风速更稳定。技术方面，涡轮机的抗腐蚀和耐海洋环境性能得到了改进，浮式和深水风电技术也在不断发展。

数字化和智能化技术：风能产业越来越注重数字化和智能化技术的应用。通过传感器、数据采集和大数据分析，可以实时监测和管理涡轮机的性能和健康状况，实现预测性维护和优化运行。人工智能和机器学习算法的应用有助于提高涡轮机的效率和可靠性。

储能技术：风能的波动性对电网稳定性构成挑战。为了解决这个问题，风能产业开始探索和应用各种储能技术，如电池储能、压缩空气储能和水泵储能等。这些技术可以储存风能产生的电力，并在需要时释放，以平衡供需之间的差异。

2. 产业现状

高装机容量：全球风能装机容量不断增长。根据国际可再生能源机构（IRENA）的数据，截至2020年底，全球风能装机容量已超过743 GW，其中中国、美国、德国、印度和西班牙等国家是最大的风能市场。

持续增长的发电量：随着装机容量的增加，全球风能发电量也在持续增长。根据IRENA的数据，2020年全球风能发电量约为1337亿kW·h，相当于全球总电力需求的5.2%。风能发电的比重在全球能源供应中不断提高。[1]

技术进步和成本下降：风力发电技术不断创新和进步，同时成本也逐渐下降。新一代风力机组具有更高的效率和可靠性，采用先进的材料和设计，提高了发电效率和经济性。这使得风能发电在可再生能源中具备更强的竞争力。

海上风电的快速发展：海上风电成为风力发电产业的重要发展方向。随着陆地资源的逐渐饱和和技术的进步，海上风电的装机容量不断增加。许多国家和地区已经开始大规模部署海上风电项目，利用稳定的海上风能资源，为能源转型做出贡献。

混合能源系统和储能技术的应用：为了解决风能波动性和间歇性的挑战，风力发电产业开始采用混合能源系统和储能技术。与太阳能、储能设备和智能电网等结合，实现能源的高效利用和平稳供应，提高能源系统的灵活性和可靠性。

---

[1] 李耀华，孔力. 发展太阳能和风能发电技术 加速推进我国能源转型［J］. 中国科学院院刊，2019，34（4）：426−433.

政策支持和市场推动：政府的政策支持和市场推动是风力发电产业发展的重要因素。许多国家制定了可再生能源政策和目标，提供财政激励和法规支持，鼓励风能发电的发展。此外，投资者和能源公司也对风力发电产业的增长潜力表现出兴趣，推动市场的发展。

3. 市场规模

根据最新的数据和研究报告，以下是有关全球风能产业市场规模的关键信息：

装机容量：全球范围内的风能装机容量不断增加。如前所述，截至 2020 年底，全球风能装机容量已超过 743 GW。这些装机容量包括陆上风电和近海风电项目。

发电量：全球风能发电量持续增长。如前所述，2020 年全球风能发电量约为 1337 亿 kW·h，相当于全球总电力需求的 5.2%。风能发电量的增长主要得益于新增的装机容量和技术的改进。

市场价值：风能产业的市场价值也在不断增加。根据全球风能理事会（GWEC）的报告，2020 年全球风能市场新增投资达到 140 亿美元。这些投资主要用于风力发电项目的开发、建设和运营。

区域分布：全球风能市场在不同的国家和地区之间存在差异。目前，中国是全球最大的风能市场，其装机容量超过了每年新增装机容量的一半。此外，美国、德国、印度、西班牙、英国、巴西和法国等国家也是重要的风能市场。

就业机会：风能产业的发展为全球范围内提供了大量的就业机会。根据 IRENA 的数据，2019 年全球风能产业提供了约 120 万个就业岗位。这些就业机会涵盖了从风电项目开发、制造和安装、运维管理以及相关供应链的各个领域。

技术创新和成本下降：随着技术的进步和规模效应的实现，风能发电的成本逐渐下降。这使得风能在许多地区变得更具竞争力，并促进了全球市场规模的增长。

全球风能产业市场规模持续扩大，得益于可再生能源的推动、政策支持和技术进步等因素。随着人们对可持续能源的需求增加和环境意识的提高，预计风能产业在未来将继续增长并发挥更重要的作用。

中国是全球最大的风能市场之一，具有庞大的风能产业市场规模。就现阶段我国的发展情况来看，风力发电厂商在发展的过程当中没有一个合理的产业结构，在此种发展背景之下，风力发电产业所具有的发展动力仅仅是一些点，并没有达到以点带线、以线带面的形式。[1] 以下是关于中国风能产业市场规模的一些关键信息。

装机容量：中国的风能装机容量居全球之首。根据相关统计数据，截至 2020 年底，中国的风能装机容量已超过 280 GW。其中，陆上风电装机容量约为 278 GW，近海风电装机容量约为 2 GW。

发电量：中国的风能发电量持续增长。根据中国国家能源局的数据，2020 年，中国的风能发电量约为 5480 亿 kW·h，约占全国总发电量的 10%。风能发电在中国能源结构中的比重不断提高。

---

[1] 陈汉君，董莎，钱龙。我国新材料产业发展研究 [J]. 科技展望，2017（9）：289.

市场投资：中国的风能市场吸引了大量的投资。根据中国可再生能源行业协会的数据，2020 年，中国的风能行业新增投资约为 780 亿元人民币。这些投资主要用于风电项目的开发、建设和运营。

制造能力：中国拥有强大的风力发电设备制造能力。中国的风力发电设备制造商在全球市场上具有很强的竞争力，向全球供应各类风力发电设备和组件。

就业机会：中国风能产业创造了大量的就业机会。根据中国可再生能源行业协会的数据，2020 年，中国风能产业提供的就业岗位数量超过 300 万个，涵盖了从研发设计、制造生产、项目开发、运维管理等多个领域。

政策支持：中国政府一直致力推动风能发展，并实施了一系列的政策支持措施。这些政策包括风电上网电价补贴、风电产业规划和政府采购等，为风能产业提供了良好的发展环境。

中国的风能产业市场规模庞大且不断增长。政府的政策支持、强大的制造能力以及日益增长的市场需求都是中国风能产业蓬勃发展的重要推动因素。随着中国进一步推动可再生能源发展和减排目标的实现，风能产业在中国市场上的重要性将继续提升。

研究对象和方法

1. 数据获取

本书使用从国家知识产权局数据开放途径获取的已公开的知识产权数据。利用专利组合分析方法对国内外风力发电技术的专利情报进行深入研究，利用专利数据分析工具对国内外风力发电技术领域中的核心专利进行筛选，并将技术发展趋势进行数据可视化处理。通过对关联性技术的分析揭示出风能产业技术研究的主要方向及发展路线。❶

2. 数据加工标准

（1）中华人民共和国知识产权行业标准（ZC 0008—2012）：《中国专利文献种类标识代码》。

（2）中华人民共和国知识产权行业标准（ZC 0009—2012）：《中国专利文献著录项目》。

（3）中华人民共和国知识产权行业标准（ZC 0005—2012）：《专利公共统计数据项》。

（4）中华人民共和国知识产权行业标准（ZC 0014—2012）：《专利文献数据规范》。

（5）国家知识产权局：国际专利分类表（2019 版）。

（6）国家知识产权局：国际专利分类表（2020 版）。

（7）国家知识产权局：国际专利分类表（2021 版）。

（8）国家知识产权局：国际外观设计分类（洛迦诺分类）。

（9）世界知识产权组织（WIPO）：《商标注册用商品和服务国际分类》NCL（11 - 2021）。

---

❶ 陈汉君，邵文娥，董莎. 无人机技术领域的专利信息定量分析［J］. 机电工程技术，2015，44（9）：21 - 24.

第1章 风能产业全球专利概况

1.1 全球专利申请趋势

图1-1展示的是2012—2021年的风能产业全球专利申请趋势。通过申请趋势可以从宏观层面把握这一阶段的风能产业专利申请热度变化。[1] 由图可以看出，2012—2013年，风能产业全球专利申请量呈下降趋势，2012年专利申请量为8645件，2013年专利申请量为7777件；2013—2020年，风能产业全球专利呈增长趋势，其中2015—2018年，风能产业全球专利呈现快速增长趋势，2015年专利申请量为8631件，2018年专利申请量为12784件，2020年达到峰值13100件；2020—2021年，风能产业全球专利呈现下降趋势，2021年专利申请量为12244件。

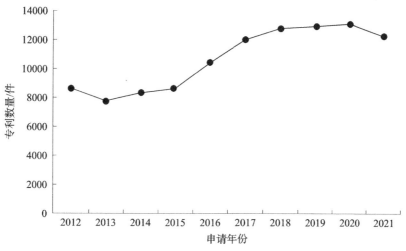

图1-1 风能产业全球专利申请趋势

[1] 本书中专利申请数量的统计范围是已公开的专利，数据检索截止日期为2022年10月1日。一般发明专利在申请被受理后3~18个月公开，实用新型专利和外观设计专利在申请被受理后6个月左右公开。

1.2　全球专利公开趋势

　　图1-2展示的是2012—2021年的风能产业全球专利公开趋势。通过公开趋势可以从宏观层面把握这一阶段的风能产业全球专利公开数量变化。由图可以看出，风能产业全球专利公开数量整体呈上升态势。2012—2013年，风能产业全球专利公开数量呈现平稳增长趋势，2012年专利公开数量为7296件，2013年专利公开数量为7433件；2013—2014年，风能产业全球专利公开数量呈现下降趋势，2014年专利公开数量为7246件；2014—2021年，风能产业全球专利公开数量呈现快速增长趋势，2021年达到峰值，专利公开数量为18651件。

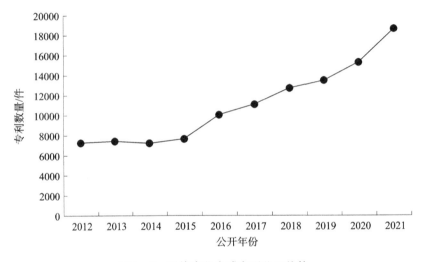

图1-2　风能产业全球专利公开趋势

1.3　全球专利来源分布

　　图1-3展示了风能产业全球专利在主要申请国家或地区的数量分布情况。通过该图可以了解在不同国家、地区风能产业技术创新的活跃情况，从而发现主要的技术创新来源地区和重要的目标市场。

　　由图可以看出，中国、日本、美国是风能产业全球专利重点申请国家或地区，数量分别为73417件、26685件、18332件。紧跟其后的为德国16217件，欧洲专利局8262件。

　　这一分布情况表明，中国、日本、美国等国家和地区是风能产业全球专利布局的主要区域，企业可以跟踪、引进和消化该领域技术，在此基础上实现技术突破。

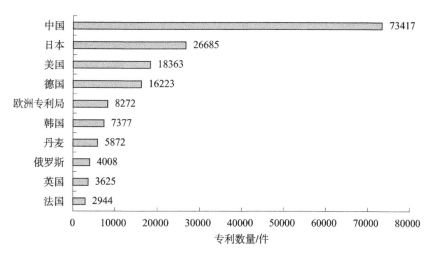

图 1-3　风能产业全球专利在主要申请国家或地区的数量分布

1.4　全球专利技术构成分布

表 1-1 展示的是风能产业全球专利技术领域分布（大组）。通过该分析可以了解分析对象覆盖的技术类别及各技术分支的创新热度。对这些专利按照国际专利分类号（IPC）进行统计的结果显示，E02D27 大组的专利数量最多，达 41290 件；其次是H02J3 大组，专利数量为 34636 件；排在第三位的是 F03D9 大组，专利数量为 23097件；排在第四位的是 F03D7 大组，专利数量为 22832 件；排在第五位的是 F03D1 大组，专利数量为 22027 件。

表 1-1　风能产业全球专利技术领域分布（大组）❶

排名	国际专利分类号（IPC）大组	专利数量/件
1	E02D27：作为下部结构的基础 [2006.01]	41290
2	H02J3：交流干线或交流配电网络的电路装置 [2006.01]	34636
3	F03D9：特殊用途的风力发动机；风力发动机与受它驱动的装置的组合（与由风提供动力的车辆推进单元相结合的装置入 B60K16/00；以与风力发动机相结合为特征的泵入 F04B17/02）；安装于特定场所的风力发动机（产生电能的混合风力光伏能源系统入 H02S10/12）[2016.01]	23097
4	F03D7：风力发动机的控制（电能的供给或分配入 H02J，例如网络中调整、消除或补偿无功功率的装置入 H02J3/18；发电机的控制入 H02P，例如用于取得所需输出值的发电机的控制装置入 H02P9/00）[2006.01]	22832
5	F03D1：具有基本上与进入发动机的气流平行的旋转轴线的风力发动机（其控入 F03D 7/02）[2006.01]	22027

❶　由于一件专利有多个 IPC 分类号，所以会出现表中专利数量总和大于该申请人总的专利数量的情况。

排名	国际专利分类号（IPC）大组	专利数量/件
6	F03D3：具有基本上与进入发动机的气流垂直的旋转轴线的风力发动机（其控制入 F03D 7/06）［2006.01］	17237
7	F03D80：不包含在组 F03D1/00 – F03D17/00 中的零件、组件或附件 ［2016.01］	10279
8	F03D13：风力发动机的装配、安装或试运行，适用于运输风力发动机部件的配置 ［2016.01］	7964
9	F03D17：风力发动机的监控或测试，例如诊断（试车过程中的测试入 F03D13/30）［2016.01］	4171
10	F03D5：其他风力发动机（其控制入 F03D7/00）［2006.01］	2946

1.5 全球专利申请人分析

图 1-4 展示的是按照所属申请人（专利权人）的专利数量统计的排名前十风能产业全球专利主要申请人排名情况。通过分析，可以发现创新成果积累较多的专利申请人，据此可进一步分析其专利竞争实力。由图可以看出，通用电气公司、乌本产权有限公司和西门子公司分别以 4680 件、3543 件、3455 件排在前三名。

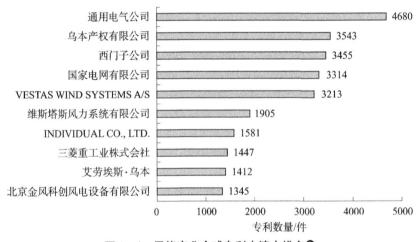

图 1-4 风能产业全球专利申请人排名❶

1.5.1 通用电气公司

1. 专利申请趋势

图 1-5 展示的是通用电气公司风能产业全球专利申请量在 2012—2021 年的发展趋

❶ 本书中的专利申请人排名采用的是标准申请人排名。

势。通过申请趋势可以从宏观层面把握通用电气公司在这一阶段的全球风能产业专利申请热度变化。由图可以看出，2012—2017 年，通用电气公司风能产业全球专利申请量总体上呈下降趋势，其中 2012 年专利申请量为 320 件，2014 年专利申请量为 275 件，2015 年略微上扬，专利申请量为 288 件，2017 年专利申请量降至 249 件；2017—2018 年，通用电气公司风能产业全球专利申请量呈现爆发式增长，并在 2018 年达到峰值，专利申请量为 458 件；2018—2021 年，通用电气公司风能产业全球专利申请量呈现快速下降趋势，2021 年专利申请量为 100 件。

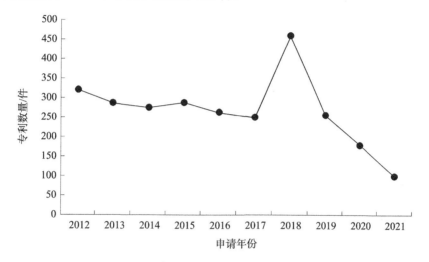

图 1-5 通用电气公司风能产业全球专利申请趋势

2. 专利公开趋势

图 1-6 展示的是通用电气公司风能产业全球专利公开量在 2012—2021 年的发展趋势。通过公开趋势可以从宏观层面把握通用电气公司在这一阶段的风能产业全球专利公开数量变化。由图可以看出，通用电气公司风能产业全球专利公开数量在 2012—

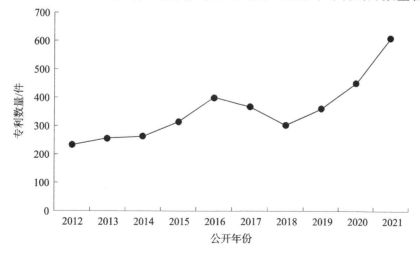

图 1-6 通用电气公司风能产业全球专利公开趋势

2016 年呈现增长趋势，2012 年专利公开数量为 233 件，2016 年专利公开数量为 401 件；2016—2018 年，通用电气公司风能产业专利公开量呈现下降趋势，2018 年专利公开数量为 303 件；2018—2021 年，通用电气公司风能产业专利公开量呈现快速增长趋势，且在 2021 年达到峰值，专利公开数量为 612 件。

3. 专利类型

图 1-7 展示的是通用电气公司风能产业全球专利类型分布。❶ 经过检索，获得通用电气公司风能产业全球专利共 4680 件。其中，发明申请 1948 件，占总数的 41.6%；发明授权 2709 件，占总数的 57.9%；实用新型 23 件，占总数的 0.5%。

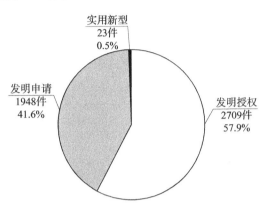

图 1-7　通用电气公司风能产业
全球专利类型分布

4. 全球专利受理局分析

图 1-8 展示了通用电气公司在全球各个专利申请国家、地区、组织的风能产业专利数量分布情况。通过该图可以了解通用电气公司在不同国家、地区、组织布局专利的活跃情况，从而发现其重要的目标市场。由图可以看出，美国、欧洲专利局、中国是通用电气公司风能产业全球专利重点申请地区，专利数量分别为 1019 件、934 件、803 件；紧跟其后的是丹麦 553 件，西班牙 278 件。企业可以跟踪、引进和消化该领域技术，在此基础上实现技术突破。

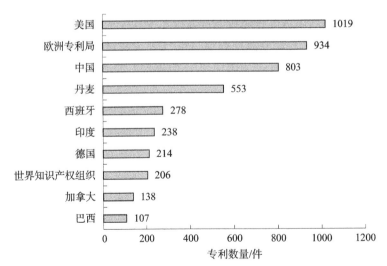

图 1-8　通用电气公司风能产业全球专利受理局分布

---

❶ 专利类型分为发明专利、实用新型专利、外观设计专利。根据发明专利授权与否，又将其细分为发明申请和发明授权。

5. 专利技术构成分布

表 1-2 展示的是通用电气公司风能产业全球专利主要技术构成情况。通过该分析可以了解分析对象覆盖的技术类别及各技术分支的创新热度。对这些专利按照国际专利分类号（IPC）进行统计的结果显示，F03D7 大组专利数量最多，达到 1551 件；其次是 F03D1 大组，专利数量为 1490 件；排在第三位的是 H02J3 大组，专利数量为 578件；排在第四位的是 F03D9 大组，专利数量为 326 件；排在第五位的是 F03D80 大组，专利数量为 291 件。

表 1-2　通用电气公司风能产业全球专利技术领域分布（大组）

排名	国际专利分类号（IPC）大组	专利数量/件
1	F03D7：风力发动机的控制（电能的供给或分配入 H02J，例如网络中调整、消除或补偿无功功率的装置入 H02J3/18；发电机的控制入 H02P，例如用于取得所需输出值的发电机的控制装置入 H02P9/00）[2006.01]	1551
2	F03D1：具有基本上与进入发动机的气流平行的旋转轴线的风力发动机（其控制入 F03D 7/02）[2006.01]	1490
3	H02J3：交流干线或交流配电网络的电路装置 [2006.01]	578
4	F03D9：特殊用途的风力发动机；风力发动机与受它驱动的装置的组合（与由风提供动力的车辆推进单元相结合的装置入 B60K16/00；以与风力发动机相结合为特征的泵入 F04B17/02）；安装于特定场所的风力发动机（产生电能的混合风力光伏能源系统入 H02S10/12）[2016.01]	326
5	F03D80：不包含在组 F03D1/00～F03D17/00 中的零件、组件或附件 [2016.01]	291
6	F03D13：风力发动机的装配、安装或试运行，适用于运输风力发动机部件的配置 [2016.01]	172
7	F03D17：风力发动机的监控或测试，例如诊断（试车过程中的测试入 F03D13/30）[2016.01]	155
8	E02D27：作为下部结构的基础 [2006.01]	46
9	F03D15：机械动力的传送 [2016.01]	40
10	F03D3：具有基本上与进入发动机的气流垂直的旋转轴线的风力发动机（其控制入 F03D 7/06）[2006.01]	26

1.5.2　乌本产权有限公司

1. 专利申请趋势

图 1-9 展示的是乌本产权有限公司风能产业全球专利申请量在 2012—2021 年的发展趋势。通过申请趋势可以从宏观层面把握乌本产权有限公司在这一阶段的风能产业全球专利申请热度变化。由图可以看出，2012—2014 年，乌本产权有限公司风能产业全球专利申请量呈现增加趋势，2012 年专利申请量为 316 件，2014 年专利申请量为

407 件；2014—2015 年，乌本产权有限公司风能产业全球专利申请量呈现快速下降趋势，2015 年专利申请量为 258 件；2015—2017 年，乌本产权有限公司风能产业全球专利申请量呈现爆发式增长，且在 2017 年达到峰值，专利申请量为 516 件；2017—2021 年，乌本产权有限公司风能产业全球专利申请量呈现快速下降趋势，2021 年专利申请量为 81 件。

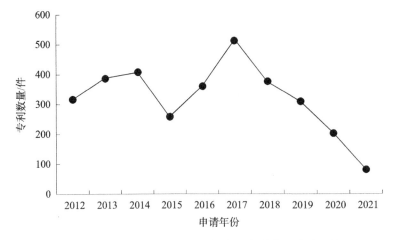

图 1-9 乌本产权有限公司风能产业全球专利申请趋势

2. 专利公开趋势

图 1-10 展示的是乌本产权有限公司风能产业全球专利公开量在 2012—2021 年的发展趋势。通过公开趋势可以从宏观层面把握乌本产权有限公司在这一阶段的风能产业全球专利公开数量变化。由图可以看出，2012—2015 年，乌本产权有限公司风能产业全球专利公开数量呈现增长趋势，2015 年专利公开数量为 199 件；2015—2017 年，乌本产权有限公司风能产业全球专利公开数量呈现爆发式增长，2017 年专利公开数量为 503 件；2017—2018 年，乌本产权有限公司风能产业全球专利公开数量呈现下降趋势，2018 年专利公开数量为 451 件；2018—2020 年，乌本产权有限公司风能产业全球

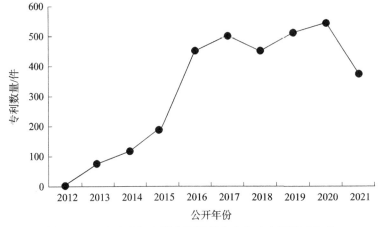

图 1-10 乌本产权有限公司风能产业全球专利公开趋势

专利公开数量呈现增长趋势，2020 年专利公开数量为 545 件；2020—2021 年，乌本产权有限公司风能产业全球专利公开数量呈现下降趋势，2021 年专利公开数量为 374 件。

3. 专利类型

图 1 - 11 展示的是乌本产权有限公司风能产业全球专利类型分布。经过检索，获得乌本产权有限公司风能产业全球专利共 3543 件。其中，发明申请 1921 件，占总数的 54.2%；发明授权 1522 件，占总数的 43.0%；实用新型 100 件，占总数的 2.8%。

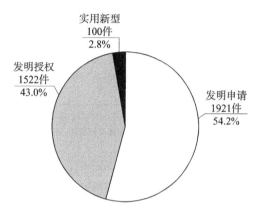

图 1 - 11　乌本产权有限公司风能产业全球专利类型分布

4. 全球专利受理局分析

图 1 - 12 展示了乌本产权有限公司在全球各个专利申请国家、地区、组织的风能产业专利数量分布情况。通过该图可以了解乌本产权有限公司在不同国家、地区、组织布局专利的活跃情况，从而发现其重要的目标市场。由图可以看出，欧洲专利局、美国、德国三个国家或地区是乌本产权有限公司风能产业全球专利重点申请地区，数量分别为 371 件、328 件、295 件；紧跟其后的是中国 295 件，世界知识产权组织 274 件。企业可以据此跟踪、引进和消化该领域技术。

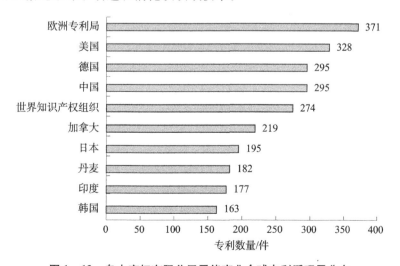

图 1 - 12　乌本产权有限公司风能产业全球专利受理局分布

5. 专利技术构成分析

表 1-3 展示的是乌本产权有限公司风能产业全球专利主要技术构成情况。通过该分析可以了解分析对象覆盖的技术类别及各技术分支的创新热度。对这些专利按照国际专利分类号（IPC）进行统计的结果显示，F03D1 大组的专利数量最多，专利数量为 985 件；其次是 F03D7 大组，专利数量为 955 件；排在第三位的是 H02J3 大组，专利数量为 501 件；排在第四位的是 F03D80 大组，专利数量为 383 件；排在第五位的是 F03D13，专利数量为 283 件。

表 1-3　乌本产权有限公司风能产业全球专利技术领域分布（大组）

排名	国际专利分类号（IPC）大组	专利数量/件
1	F03D1：具有基本上与进入发动机的气流平行的旋转轴线的风力发动机（其控制入 F03D 7/02）[2006.01]	985
2	F03D7：风力发动机的控制（电能的供给或分配入 H02J，例如网络中调整、消除或补偿无功功率的装置入 H02J3/18；发电机的控制入 H02P，例如用于取得所需输出值的发电机的控制装置入 H02P9/00）[2006.01]	955
3	H02J3：交流干线或交流配电网络的电路装置 [2006.01]	501
4	F03D80：不包含在组 F03D1/0 ～ -F03D17/00 中的零件、组件或附件 [2016.01]	383
5	F03D13：风力发动机的装配、安装或试运行，适用于运输风力发动机部件的配置 [2016.01]	283
6	F03D9：特殊用途的风力发动机；风力发动机与受它驱动的装置的组合（与由风提供动力的车辆推进单元相结合的装置入 B60K16/00；以与风力发动机相结合为特征的泵入 F04B17/02）；安置于特定场所的风力发动机（产生电能的混合风力光伏能源系统入 H02S10/12）[2016.01]	146
7	E02D27：作为下部结构的基础 [2006.01]	143
8	F03D17：风力发动机的监控或测试，例如诊断（试车过程中的测试入 F03D13/30）[2016.01]	142
9	F03D15：机械动力的传送 [2016.01]	19
10	F03D11：（转入 F03D13/00 ～ F03D13/10，F03D13/30 ～ F03D13/40，F03D17/00，F03D80/00 ～ F03D80/80）	10

1.5.3　西门子公司

1. 专利申请趋势

图 1-13 展示的是西门子公司风能产业全球专利申请量在 2012—2021 年的发展趋势。通过申请趋势可以从宏观层面把握西门子公司在这一阶段的风能产业全球专利申请热度变化。由图可以看出，2012—2013 年，西门子公司风能产业全球专利申请量快速下降，2012 年专利申请量为 273 件，2013 年专利申请量为 216 件；2013—2014 年，西门子公司风能产业全球专利申请量呈现增长趋势，2014 年专利申请量为 233 件；2014—2016 年，西门子公司风能产业全球专利申请量呈现快速下降趋势，2016 年专利申请量为 139 件；2016—2017 年，西门子公司风能产业全球专利申请量呈现快速增长趋

势，2017 年专利申请量为 244 件；2017—2018 年，西门子公司风能产业全球专利申请量呈现下降趋势，2018 年专利申请量为 219 件；2018—2019 年，西门子公司风能产业全球专利申请量呈现快速增长，并在 2019 年达到峰值，专利申请量为 333 件；2019—2021 年，西门子公司风能产业全球专利申请量呈现快速下降趋势，2021 年专利申请量为 158 件。

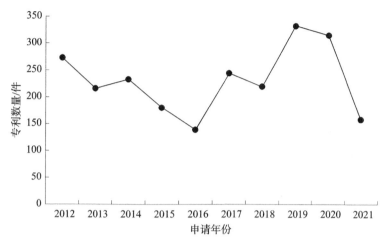

图 1-13　西门子公司风能产业全球专利申请趋势

2. 专利公开趋势

图 1-14 展示的是西门子公司风能产业全球专利公开量在 2012—2021 年的发展趋势。通过公开趋势可以从宏观层面把握西门子公司在这一阶段的风能产业全球专利公开数量变化。由图可以看出，2012—2014 年，西门子公司风能产业全球专利公开数量呈现平稳下降趋势，2012 年专利公开数量为 156 件，2014 年专利公开数量为 151 件；2014—2016 年，西门子公司风能产业全球专利公开数量呈现快速增长趋势，2016 年专利公开数量为 287 件；2016—2021 年，西门子公司风能产业全球专利公开数量呈现增长趋势，且在 2021 年达到峰值，专利公开数量为 397 件。

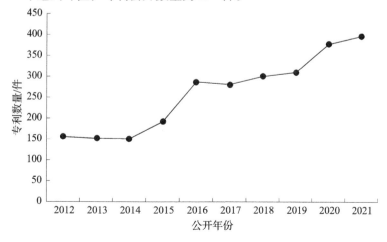

图 1-14　西门子公司风能产业全球专利公开趋势

3. 专利类型

图 1－15 展示的是西门子公司在风能产业的全球专利类型分布。经过检索，获得西门子公司风能产业全球专利共 3455 件。其中，发明申请 1808 件，占总数的 52.3%；发明授权 1619 件，占总数的 46.9%；实用新型 28 件，占总数的 0.8%。

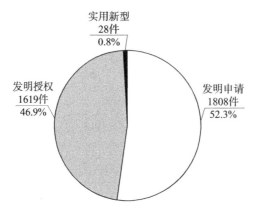

图 1－15　西门子公司风能产业全球专利类型分布

4. 全球专利受理局分析

图 1－16 展示了西门子公司在全球各个专利申请国家、地区、组织的风能产业专利数量分布情况。通过该图可以了解西门子公司在不同国家、地区、组织布局专利的活跃情况，从而发现其重要的目标市场。由图可以看出，欧洲专利局、美国、世界知识产权组织是西门子公司风能产业专利重点申请国家或地区或组织，数量分别为 1112 件、542 件、462 件。紧跟其后的是中国 392 件，丹麦 268 件。企业可以跟踪、引进和消化该领域技术。

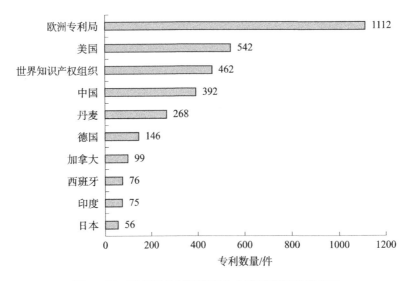

图 1－16　西门子公司风能产业全球专利受理局分布

5. 专利技术构成分析

表 1 -4 展示的是西门子公司风能产业全球专利主要技术构成情况。通过该分析可以了解分析对象覆盖的技术类别及各技术分支的创新热度。对这些专利按照国际专利分类号（IPC）进行统计的结果显示，F03D7 大组的专利数量最多，为 915 件；其次是 F03D1 大组，专利数量为 826 件；排在第三位的是 F03D80 大组，专利数量为 524 件；排在第四位的是 H02J3 大组，专利数量为 448 件；排在第五位的是 F03D9 大组，专利数量为 236 件。

表 1 -4　西门子公司全球专利技术领域分布（大组）

排名	国际专利分类号（IPC）大组	专利数量/件
1	F03D7：风力发动机的控制（电能的供给或分配入 H02J，例如网络中调整、消除或补偿无功功率的装置入 H02J3/18；发电机的控制入 H02P，例如用于取得所需输出值的发电机的控制装置入 H02P9/00）[2006.01]	915
2	F03D1：具有基本上与进入发动机的气流平行的旋转轴线的风力发动机（其控制入 F03D7/02）[2006.01]	826
3	F03D80：不包含在组 F03D1/00～F03D17/00 中的零件、组件或附件 [2016.01]	524
4	H02J3：交流干线或交流配电网络的电路装置 [2006.01]	448
5	F03D9：特殊用途的风力发动机；风力发动机与受它驱动的装置的组合；安装于特定场所的风力发动机（产生电能的混合风力光伏能源系统入 H02S10/12）[2006.01]	236
6	F03D13：风力发动机的装配、安装或试运行，适用于运输风力发动机部件的配置 [2016.01]	219
7	F03D17：风力发动机的监控或测试，例如诊断（试车过程中的测试入 F03D13/30）[2016.01]	162
8	E02D27：作为下部结构的基础 [2006.01]	72
9	F03D15：机械动力的传送 [2016.01]	33
10	F03D3：具有基本上与进入发动机的气流垂直的旋转轴线的风力发动机（其控制入 F03D7/06）[2006.01]	18

第2章

主要国家和地区专利概况

2.1 中 国

2.1.1 专利申请趋势

图 2-1 展示的是 2012—2021 年在中国的风能产业专利申请量的发展趋势。通过申请趋势可以从宏观层面把握这一阶段的在中国的风能产业专利申请热度变化。由图可以看出，2012—2021 年，在中国的风能产业专利申请量呈现逐渐增长趋势，2012 年专利申请量为 2707 件，2021 年专利申请量达到峰值，为 10000 件。

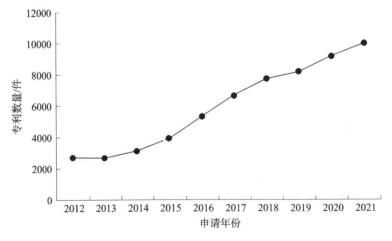

图 2-1　在中国的风能产业专利申请趋势

2.1.2 专利公开趋势

图 2-2 展示的是在中国的风能产业专利公开量在 2012—2021 年的发展趋势。通过公

开趋势可以从宏观层面把握这一阶段的在中国的风能产业专利公开数量变化。由图可以看出，2012—2021 年，在中国的风能产业专利公开量整体呈现上升趋势，与同期专利申请趋势基本一致。其中，2013—2014 年，在中国的风能产业专利公开量呈现下降趋势，2013 年专利公开量为 2588 件，2014 年专利公开量为 2500 件；2014—2021 年，在中国的风能产业专利公开量呈现快速增长趋势，且在 2021 年达到峰值，为 11732 件。

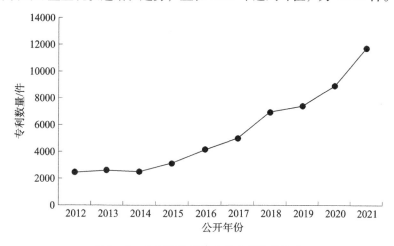

图 2-2　在中国的风能产业专利公开趋势

2.1.3　专利类型

图 2-3 展示的是在中国的风能产业专利类型分布。经过检索，获得在中国的风能产业专利共 73419 件。其中，发明申请 25659 件，占总数的 34.9%；发明授权 14402 件，占总数的 19.6%；实用新型 33358 件，占总数的 45.4%。

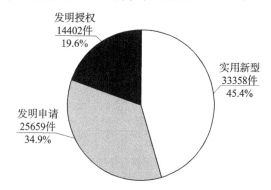

图 2-3　在中国的风能产业专利类型分布

2.1.4　专利申请人分析

图 2-4 展示的是按照所属申请人（专利权人）的专利数量统计的在中国的风能产

业专利主要申请人排名情况。通过分析,可以发现创新成果积累较多的专利申请人,据此可进一步分析其专利竞争实力。由图可以看出,国家电网有限公司以3312件专利领先。

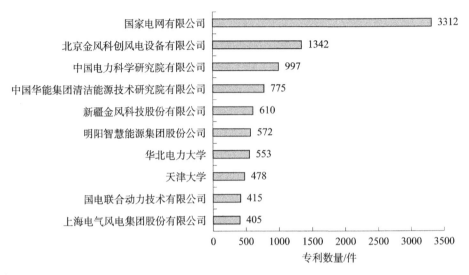

图2-4 在中国的风能产业专利申请人排名

2.1.5 专利技术构成分析

表2-1展示的是在中国的风能产业专利主要技术构成情况。通过该分析可以了解分析对象覆盖的技术类别及各技术分支的创新热度。对这些专利按照国际专利分类号(IPC)进行统计的结果显示,H02J3大组的专利数量最多,为18999件;其次是E02D27大组,专利数量为16598件;排在第三位的是F03D9大组,专利数量是11684件;排在第四位的是F03D80大组,专利数量是5737件;排在第五位的是F03D7大组,专利数量是5441件。

表2-1 在中国的风能专利技术领域分布(大组)

排名	国际专利分类号(IPC)大组	专利数量/件
1	H02J3:交流干线或交流配电网络的电路装置 [2006.01]	18999
2	E02D27:作为下部结构的基础 [2006.01]	16598
3	F03D9:特殊用途的风力发动机;风力发动机与受它驱动的装置的组合(与由风提供动力的车辆推进单元相结合的装置入B60K16/00;以与风力发动机相结合为特征的泵入F04B17/02);安置于特定场所的风力发动机(产生电能的混合风力光伏能源系统入H02S10/12)[2016.01]	11684
4	F03D80:不包含在组 F03D1/00 ～ F03D17/00 中的零件、组件或附件 [2016.01]	5737
5	F03D7:风力发动机的控制(电能的供给或分配入H02J,例如网络中调整、消除或补偿无功功率的装置入H02J3/18;发电机的控制入H02P,例如用于取得所需输出值的发电机的控制装置入H02P9/00)[2006.01]	5441

排名	国际专利分类号（IPC）大组	专利数量/件
6	F03D13：风力发动机的装配、安装或试运行，适用于运输风力发动机部件的配置〔2016.01〕	4416
7	F03D3：具有基本上与进入发动机的气流垂直的旋转轴线的风力发动机（其控制入 F03D 7/06）〔2006.01〕	3578
8	F03D1：具有基本上与进入发动机的气流平行的旋转轴线的风力发动机（其控制入 F03D 7/02）〔2006.01〕	3542
9	F03D17：风力发动机的监控或测试，例如诊断（试车过程中的测试入 F03D 13/30）〔2016.01〕	2632
10	F03D5：其他风力发动机（其控制入 F03D7/00）〔2006.01〕	420

2.2　日　本

2.2.1　专利申请趋势

图 2-5 展示的是 2012—2021 年在日本的风能产业专利申请量的发展趋势。通过申请趋势可以从宏观层面把握这一阶段的在日本的风能产业专利申请热度变化。由图可以看出，2012—2013 年，在日本的风能产业专利申请量呈现下降趋势，2012 年专利申请量为 1068 件，2013 年专利申请量为 762 件；2013—2014 年，在日本的风能产业专利申请量呈现增长趋势，2014 年专利申请量为 948 件；2014—2021 年，在日本的风能产业专利申请量呈下降趋势，2021 年专利申请量为 276 件。

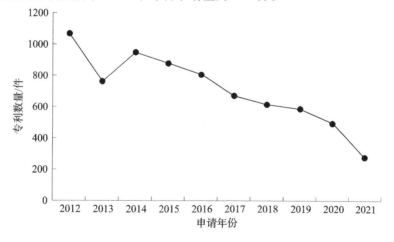

图 2-5　在日本的风能产业专利申请趋势

2.2.2 专利公开趋势

图2-6展示的是2012—2021年在日本的风能产业专利公开量的发展趋势。通过公开趋势可以从宏观层面把握这一阶段的在日本的风能产业专利公开数量变化。由图可以看出,2012—2013年,在日本的风能产业专利公开量呈现增长趋势,2013年专利公开数量为953件;2013—2015年,在日本的风能产业专利公开量呈现下降趋势,2015年专利公开数量为729件;2015—2016年,在日本的风能产业专利公开量呈现上升趋势,2016年专利公开数量为1031件;2016—2021年,在日本的风能产业专利公开数量总体上呈现下降趋势,2021年专利公开数量为839件。

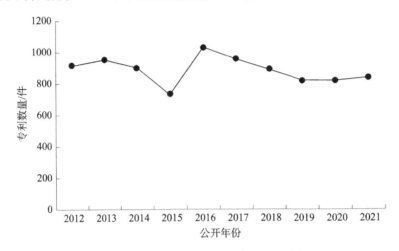

图2-6 在日本的风能产业专利公开趋势

2.2.3 专利类型

图2-7展示的是在日本的风能产业专利类型分布。经过检索,获得日本的风能产

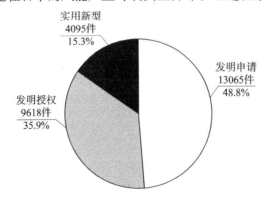

图2-7 在日本的风能产业专利类型分布

业专利共 26778 件。其中，发明授权 9618 件，占总数的 35.9%；发明申请 13065 件，占总数的 48.8%，实用新型 4095 件，占总数的 15.3%。

2.2.4 专利申请人分析

图 2-8 展示的是按照所属申请人（专利权人）的专利数量统计在日本的风能产业专利主要申请人排名情况。通过分析，可以发现创新成果积累较多的专利申请人，据此可进一步分析其专利竞争实力。由图可以看出，三菱重工业株式会社、INDIVIDUAL CO.，LTD.、株式会社日立制作所以 1360 件、1259 件、1003 件专利排在前三。

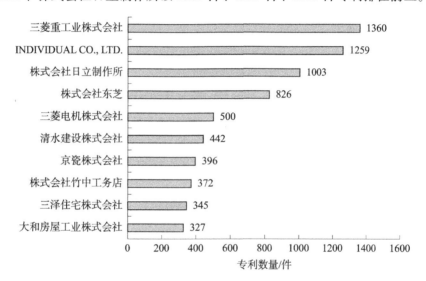

图 2-8 在日本的风能产业专利申请人排名

2.2.5 专利技术构成分析

表 2-2 展示的是在日本的风能产业专利主要技术构成情况。通过该分析可以了解分析对象覆盖的技术类别及各技术分支的创新热度。对这些专利按照国际专利分类号（IPC）进行统计的结果显示，E02D27 大组的专利数量最多，为 12665 件；其次是 H02J3 大组，专利数量为 6760 件；排在第三位的是 F03D7 大组，专利数量是 2120 件；排在第四位的是 F03D3 大组，专利数量是 1561 件；排在第五位的是 F03D9 大组，专利数量是 1446 件。

表 2-2 在日本的风能全球专利技术领域分布（大组）

排名	国际专利分类号（IPC）大组	专利数量/件
1	E02D27：作为下部结构的基础 [2006.01]	12665
2	H02J3：交流干线或交流配电网络的电路装置 [2006.01]	6760

排名	国际专利分类号（IPC）大组	专利数量/件
3	F03D7：风力发动机的控制（电能的供给或分配入 H02J，例如网络中调整、消除或补偿无功功率的装置入 H02J3/18；发电机的控制入 H02P，例如用于取得所需输出值的发电机的控制装置入 H02P9/00）［2006.01］	2120
4	F03D3：具有基本上与进入发动机的气流垂直的旋转轴线的风力发动机（其控制入 F03D 7/06）［2006.01］	1561
5	F03D9：特殊用途的风力发动机；风力发动机与受它驱动的装置的组合（与由风提供动力的车辆推进单元相结合的装置入 B60K16/00；以与风力发动机相结合为特征的泵入 F04B17/02）；安装于特定场所的风力发动机（产生电能的混合风力光伏能源系统入 H02S10/12）［2016.01］	1446
6	F03D1：具有基本上与进入发动机的气流平行的旋转轴线的风力发动机（其控制入 F03D 7/02）［2006.01］	1199
7	F03D80：不包含在组 F03D1/00～F03D17/00 中的零件、组件或附件［2016.01］	457
8	F03D13：风力发动机的装配、安装或试运行，适用于运输风力发动机部件的配置［2016.01］	192
9	F03D17：风力发动机的监控或测试，例如诊断（试车过程中的测试入 F03D 13/30）［2016.01］	162
10	F03D5：其他风力发动机（其控制入 F03D7/00）［2006.01］	134

2.3 美 国

2.3.1 专利申请趋势

图 2-9 展示的是 2012—2021 年在美国的风能产业专利申请量发展趋势。通过申请趋势可以从宏观层面把握这一阶段在美国的风能产业专利申请热度变化。由图可以看出，2012—2014 年，在美国的风能产业专利申请量呈现下降趋势，2014 年专利申请量为 849 件；2014—2015 年，在美国的风能产业专利申请量呈现增长的趋势；2015—2017 年，在美国的风能产业专利申请量呈现快速下降趋势，2017 年专利申请量为 706 件；2017—2018 年，在美国的风能产业专利申请量呈现快速增长趋势，2018 年专利申请量为 918 件；2018—2021 年，在美国的风能产业专利申请量呈现快速下降趋势，2021 年专利申请量为 439 件。

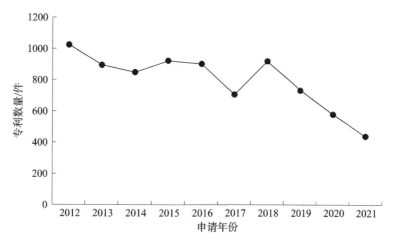

图 2-9 在美国的风能产业专利申请趋势

2.3.2 专利公开趋势

图 2-10 展示的 2012—2021 年是在美国的风能产业专利公开量的发展趋势。通过公开趋势可以从宏观层面把握这一阶段在美国的风能产业专利公开数量变化。由图可以看出，2012—2013 年，在美国的风能产业专利公开量呈现下降趋势，2013 年专利公开量为 910 件；2013—2016 年，在美国的风能产业专利公开量呈现上升趋势，2016 年专利公开量为 1176 件；2016—2018 年，在美国的风能产业专利公开量呈现下降趋势，2018 年专利公开量为 965 件；2018—2021 年，在美国的风能产业专利公开量呈现增长趋势，2021 年专利公开量为 1303 件，达到峰值。

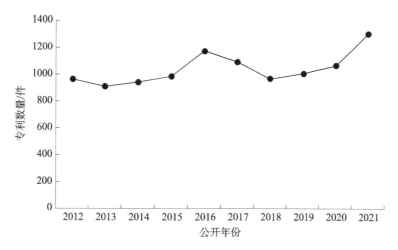

图 2-10 在美国的风能产业专利公开趋势

2.3.3 专利类型

图 2-11 展示的是在美国的风能产业专利类型分布。经过检索，获得风能产业在美国的专利共 18363 件。其中，发明申请 8672 件，占总数的 47.2%；发明授权 9641 件，占总数的 52.5%；实用新型 50 件，占总数的 0.3%。

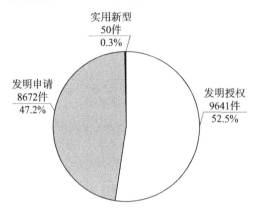

图 2-11 在美国的风能产业专利类型分布

2.3.4 专利申请人分析

图 2-12 展示的是按照所属申请人（专利权人）的专利数量统计在美国的风能产业专利主要申请人排名情况。通过分析，可以发现创新成果积累较多的专利申请人，据此可进一步分析其专利竞争实力。由图可以看出，通用电气公司以 4014 件风能产业专利绝对领先于其他申请人。

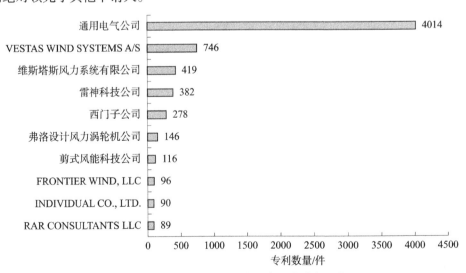

图 2-12 在美国的风能产业专利申请人排名

2.3.5　专利技术构成分析

表 2-3 展示的是在美国的风能产业专利主要技术构成情况。通过该分析可以了解分析对象覆盖的技术类别及各技术分支的创新热度。对这些专利按照国际专利分类号（IPC）进行统计的结果显示，F03D7 大组的专利数量最多，为 3873 件；其次是 F03D1 大组，专利数量为 3419 件；排在第三位的是 H02J3 大组，专利数量为 2939 件；排在第四位的是 F03D9 大组，专利数量为 2633 件；排在第五位的是 E02D27 大组，专利数量为 2230 件。

表 2-3　在美国的风能专利技术领域分布（大组）

排名	国际专利分类号（IPC）大组	专利数量/件
1	F03D7：风力发动机的控制（电能的供给或分配入 H02J，例如网络中调整、消除或补偿无功功率的装置入 H02J3/18；发电机的控制入 H02P，例如用于取得所需输出值的发电机的控制装置入 H02P9/00）［2006.01］	3873
2	F03D1：具有基本上与进入发动机的气流平行的旋转轴线的风力发动机（其控制入 F03D 7/02）［2006.01］	3419
3	H02J3：交流干线或交流配电网络的电路装置［2006.01］	2939
4	F03D9：特殊用途的风力发动机；风力发动机与受它驱动的装置的组合（与由风提供动力的车辆推进单元相结合的装置入 B60K16/00；以与风力发动机相结合为特征的泵入 F04B17/02）；安装于特定场所的风力发动机（产生电能的混合风力光伏能源系统入 H02S10/12）［2016.01］	2633
5	E02D27：作为下部结构的基础［2006.01］	2230
6	F03D3：具有基本上与进入发动机的气流垂直的旋转轴线的风力发动机（其控制入 F03D 7/06）［2006.01］	1602
7	F03D80：不包含在组 F03D1/00～F03D17/00 中的零件、组件或附件［2016.01］	593
8	F03D13：风力发动机的装配、安装或试运行，适用于运输风力发动机部件的配置［2016.01］	438
9	F03D5：其他风力发动机（其控制入 F03D7/00）［2006.01］	323
10	F03D17：风力发动机的监控或测试，例如诊断（试车过程中的测试入 F03D 13/30）［2016.01］	232

2.4　德　国

2.4.1　专利申请趋势

图 2-13 展示的是 2012—2021 年在德国的风能产业专利申请量发展趋势。通过申请趋势可以从宏观层面把握这一阶段在德国的风能产业专利申请热度变化。由图可以看出，2012—2015 年，在德国的风能产业专利申请量总体呈现下降趋势，2012 年专利

申请量为 885 件，2015 年专利申请量为 644 件；2015—2017 年，在德国的风能产业专利申请量呈现快速增长趋势，2017 年达到峰值，专利申请量为 1172 件；2017—2021 年，在德国的风能产业专利申请量呈现快速下降趋势，2021 年专利申请量为 169 件。

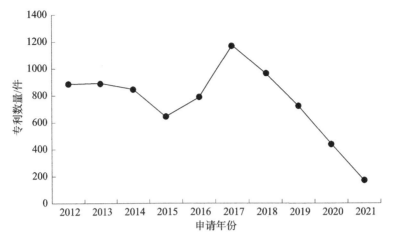

图 2-13　在德国的风能产业专利申请趋势

2.4.2　专利公开趋势

图 2-14 展示的是 2012—2021 年在德国的风能产业专利公开量发展趋势。通过公开趋势可以从宏观层面把握这一阶段在德国的风能产业专利公开数量变化。由图可以看出，2012—2016 年，在德国的风能产业专利公开数量整体呈上升趋势，2012 年专利公开数量为 611 件，2016 年专利公开数量为 1078 件；2016—2019 年，在德国的风能产业专利公开数量波动上升，2017 年专利公开数量为 1139 件，2018 年专利公开数量为 1135 件，2019 年专利公开数量为 1170 件；2019—2021 年，在德国的风能产业专利公开数量呈下降趋势，2021 年专利公开数量为 939 件。

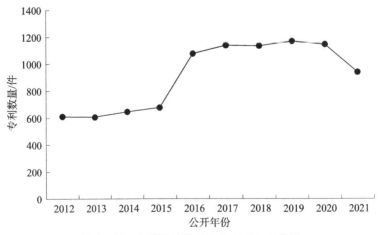

图 2-14　在德国的风能产业专利公开趋势

2.4.3　专利类型

图 2 – 15 展示的是在德国的风能产业专利类型分布。经过检索，获得在德国的风能产业专利共 16223 件。其中，发明授权 7152 件，占总数的 44.1%；发明申请 7759 件，占总数的 47.8%，实用新型 1312 件，占总数的 8.1%。

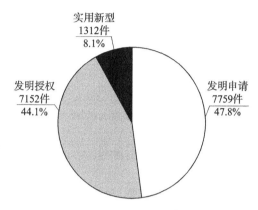

图 2 – 15　在德国的风能产业专利类型分布

2.4.4　专利申请人分析

图 2 – 16 展示的是按照所属申请人（专利权人）的专利数量统计的在德国的风能产业专利主要申请人排名情况。通过分析，可以发现创新成果积累较多的专利申请人，据此可进一步分析其专利竞争实力。由图可以看出，乌本产权有限公司以 3427 件风能产业专利绝对领先于其他申请人。

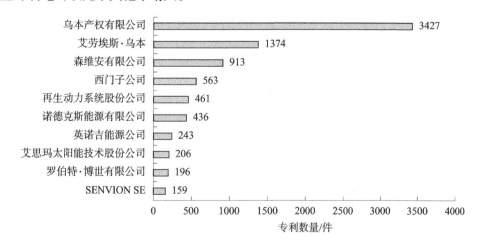

图 2 – 16　在德国的风能产业专利申请人排名

2.4.5 专利技术构成分析

表2-4展示的是在德国的风能产业专利主要技术构成情况。通过该分析可以了解分析对象覆盖的技术类别及各技术分支的创新热度。对这些专利按照国际专利分类号（IPC）进行统计的结果显示，F03D7大组的专利数量最多，为3639件；其次是F03D1大组，专利数量为3522件；排在第三位的是H02J3大组，专利数量为1765件；排在第四位的是F03D9大组，专利数量为1713件；排在第五位的是F03D3大组，专利数量为1528件。

表2-4 在德国的风能产业专利技术领域分布（大组）

排名	国际专利分类号（IPC）大组	专利数量/件
1	F03D7：风力发动机的控制（电能的供应或分配入H02J，例如网络中调整、消除或补偿无功功率的装置入H02J3/18；发电机的控制入H02P，例如用于取得所需输出值的发电机的控制装置入H02P9/00）[2006.01]	3639
2	F03D1：具有基本上与进入发动机的气流平行的旋转轴线的风力发动机（其控制入F03D 7/02）[2006.01]	3522
3	H02J3：交流干线或交流配电网络的电路装置[2006.01]	1765
4	F03D9：特殊用途的风力发动机；风力发动机与受它驱动的装置的组合（与由风提供动力的车辆推进单元相结合的装置入B60K16/00；以与风力发动机相结合为特征的泵入F04B17/02）；安装于特定场所的风力发动机（产生电能的混合风力光伏能源系统入H02S10/12）[2016.01]	1713
5	F03D3：具有基本上与进入发动机的气流垂直的旋转轴线的风力发动机（其控制入F03D 7/06）[2006.01]	1528
6	E02D27：作为下部结构的基础[2006.01]	1301
7	F03D80：不包含在组F03D1/00～F03D17/00中的零件、组件或附件[2016.01]	1183
8	F03D13：风力发动机的装配、安装或试运行，适用于运输风力发动机部件的配置[2016.01]	786
9	F03D17：风力发动机的监控或测试，例如诊断（试车过程中的测试入F03D13/30）[2016.01]	395
10	F03D5：其他风力发动机（其控制入F03D7/00）[2006.01]	265

2.5 欧洲专利局

2.5.1 专利申请趋势

图2-17展示的是2012—2021年在欧洲专利局的风能产业专利申请量的发展趋势。通过申请趋势可以从宏观层面把握这一阶段在欧洲专利局的风能产业专利申请热度变

化。由图可以看出，2012—2016 年，在欧洲专利局的风能产业专利申请量呈下降趋势，2012 年专利申请量为 689 件，2016 年专利申请量为 432 件；2016—2019 年，在欧洲专利局的风能产业专利申请总体呈现上升趋势，其中 2017—2018 年持平，2019 年达到峰值，专利申请量为 838 件；2019—2021 年，在欧洲专利局的风能产业专利申请量呈下降趋势，2021 年专利申请量为 439 件。

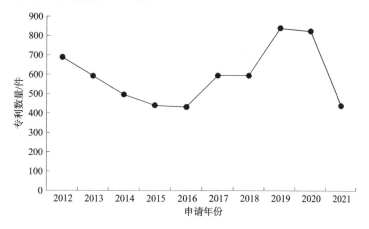

图 2 - 17   在欧洲专利局的风能产业专利申请趋势

2.5.2   专利公开趋势

图 2 - 18 展示的是 2012—2021 年在欧洲专利局的风能产业专利公开量发展趋势。通过公开趋势可以从宏观层面把握这一阶段在欧洲专利局的风能产业专利公开数量变化。由图可以看出，2012—2016 年，在欧洲专利局的风能产业专利公开数量呈上升趋势，2016 年专利公开数量为 658 件；2016—2018 年，在欧洲专利局的风能产业专利公开数量呈缓慢下降趋势，2018 年专利公开数量为 629 件；2018—2021 年，在欧洲专利局的风能产业专利公开数量呈上升趋势，2021 年专利公开数量为 1230 件，达到峰值。

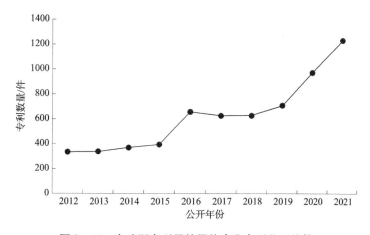

图 2 - 18   在欧洲专利局的风能产业专利公开趋势

2.5.3 专利类型

图 2 - 19 展示的是在欧洲专利局的风能产业专利类型分布。经过检索,获得在欧洲专利局风能产业专利共 8272 件。其中,发明申请 4239 件,占总数的 51.2%;发明授权 3980 件,占总数的 48.1%;实用新型 53 件,占总数的 0.6%。

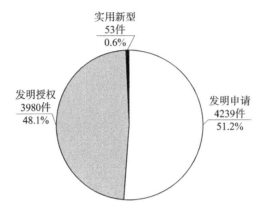

图 2 - 19   在欧洲专利局的风能产业专利类型分布

2.5.4 专利申请人分析

图 2 - 20 展示的是按照所属申请人(专利权人)的专利数量统计的在欧洲专利局的风能产业专利主要申请人排名情况。通过分析,可以发现创新成果积累较多的专利申请人,据此可进一步分析其专利竞争实力。由图可以看出,西门子公司以 2534 件风能产业专利绝对领先于其他申请人。

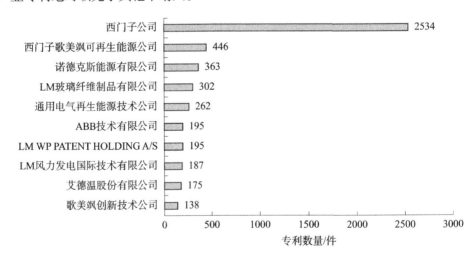

图 2 - 20   在欧洲专利局的风能产业专利申请人排名

2.5.5　专利技术构成分析

表 2 - 5 展示的是在欧洲专利局的风能产业专利主要技术构成情况。通过该分析可以了解分析对象覆盖的技术类别及各技术分支的创新热度。对这些专利按照国际专利分类号（IPC）进行统计的结果显示，F03D1 大组的专利数量最多，为 2372 件；其次是 F03D7 大组，专利数量为 1817 件；排在第三位的是 F03D80 大组，专利数量为 1028 件；排在第四位的是 H02J3 大组，专利数量为 908 件；排在第五位的是 F03D13 大组，专利数量为 643 件。

表 2 - 5　在欧洲专利局的风能产业专利技术领域分布（大组）

排名	国际专利分类号（IPC）大组	专利数量/件
1	F03D1：具有基本上与进入发动机的气流平行的旋转轴线的风力发动机（其控制入 F03D 7/02）［2006. 01］	2372
2	F03D7：风力发动机的控制（电能的供给或分配入 H02J，例如网络中调整、消除或补偿无功功率的装置入 H02J3/18；发电机的控制入 H02P，例如用于取得所需输出值的发电机的控制装置入 H02P9/00）［2006. 01］	1817
3	F03D80：不包含在组 F03D1/00 ～ F03D17/00 中的零件、组件或附件［2016. 01］	1028
4	H02J3：交流干线或交流配电网络的电路装置［2006. 01］	908
5	F03D13：风力发动机的装配、安装或试运行，适用于运输风力发动机部件的配置［2016. 01］	643
6	F03D9：特殊用途的风力发动机；风力发动机与受它驱动的装置的组合（与由风提供动力的车辆推进单元相结合的装置入 B60K16/00；以与风力发动机相结合为特征的泵入 F04B17/02）；安装于特定场所的风力发动机（产生电能的混合风力光伏能源系统入 H02S10/12）［2016. 01］	569
7	F03D17：风力发动机的监控或测试，例如诊断（试车过程中的测试入 F03D13/30）［2016. 01］	321
8	E02D27：作为下部结构的基础［2006. 01］	241
9	F03D3：具有基本上与进入发动机的气流垂直的旋转轴线的风力发动机（其控制入 F03D 7/06）［2006. 01］	146
10	F03D15：机械动力的传送［2016. 01］	117

2.6 韩 国

2.6.1 专利申请趋势

图 2-21 展示的是 2012—2021 年在韩国的风能产业专利申请量的发展趋势。通过申请趋势可以从宏观层面把握这一阶段在韩国的风能产业专利申请热度变化。由图可以看出，2012—2016 年，在韩国的风能产业专利申请量呈下降趋势，2012 年专利申请量最多，为 573 件，2016 年专利申请量为 313 件；2016—2017 年，在韩国的风能产业专利申请量呈现增长趋势，2017 年专利申请量为 389 件；2017—2019 年，在韩国的风能产业专利申请量呈下降趋势，2019 年专利申请量为 340 件；2019—2020 年，在韩国的风能产业专利申请量呈现增长趋势，2020 年专利申请量为 360 件；2020—2021 年，在韩国的风能产业专利申请量呈现下降趋势，2021 年专利申请量为 210 件。

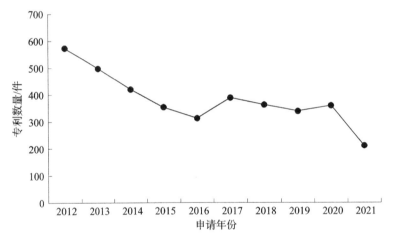

图 2-21 在韩国的风能产业专利申请趋势

2.6.2 专利公开趋势

图 2-22 展示的是 2012—2021 年在韩国的风能产业专利公开量发展趋势。通过公开趋势可以从宏观层面把握这一阶段在韩国的风能产业专利公开数量变化。由图可以看出，2012—2013 年，在韩国的风能产业专利公开量呈下降趋势；2013—2015 年，在韩国的风能产业专利公开量呈下降趋势，2015 年专利公开数量为 393 件；2015—2016年，在韩国的风能产业专利公开量呈增长趋势，2016 年专利公开数量为 424 件；2016—2018 年，在韩国的风能产业专利公开量呈下降趋势，2018 年专利公开数量为 300 件；

2018—2019 年，在韩国的风能产业专利公开量呈增长趋势，2019 年专利公开数量为 426 件；2019—2021 年，在韩国的风能产业专利公开量呈现下降趋势，2021 年专利公开数量为 394 件。

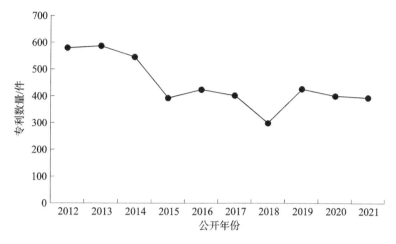

图 2-22　在韩国的风能产业专利公开趋势

2.6.3　专利类型

图 2-23 展示的是韩国风能产业的专利类型分布。经过检索，获得在韩国的风能产业专利共 7377 件。其中，发明授权 3823 件，占总数的 51.8%；发明申请 2970 件，占总数的 40.3%，实用新型 584 件，占总数的 7.9%。

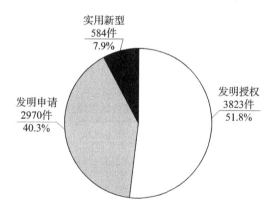

图 2-23　在韩国的风能产业专利类型分布

2.6.4　专利申请人分析

图 2-24 展示的是按照所属申请人（专利权人）的专利数量统计的在韩国的风能

产业专利主要申请人排名情况。通过分析，可以发现创新成果积累较多的专利申请人，据此可进一步分析其专利竞争实力。由图可以看出，前五位申请人专利数量相差不多，实力较为均衡。

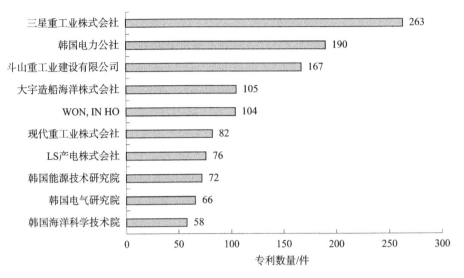

图 2-24　在韩国的风能产业专利申请人排名

2.6.5　专利技术构成分析

表 2-6 展示的是在韩国的风能产业专利主要技术构成情况。通过该分析可以了解分析对象覆盖的技术类别及各技术分支的创新热度。对这些专利按照国际专利分类号（IPC）进行统计的结果显示，E02D27 大组的专利数量最多，为 1626 件；其次是 F03D3 大组，专利数量为 1522 件；排在第三位的是 H02J3 大组，专利数量为 1006 件；排在第四位的是 F03D9 大组，专利数量为 978 件；排在第五位的是 F03D1 大组，专利数量为 910 件。

表 2-6　韩国风能产业专利技术领域分布（大组）

排名	国际专利分类号（IPC）大组	专利数量/件
1	E02D27：作为下部结构的基础［2006.01］	1626
2	F03D3：具有基本上与进入发动机的气流垂直的旋转轴线的风力发动机（其控制入 F03D7/06）［2006.01］	1522
3	H02J3：交流干线或交流配电网络的电路装置［2006.01］	1006
4	F03D9：特殊用途的风力发动机；风力发动机与受它驱动的装置的组合（与由风提供动力的车辆推进单元相结合的装置入 B60K16/00；以与风力发动机相结合为特征的泵入 F04B17/02；安装于特定场所的风力发动机（产生电能的混合风力光伏能源系统入 H02S10/12）［2016.01］	978
5	F03D1：具有基本上与进入发动机的气流平行的旋转轴线的风力发动机（其控制入 F03D7/02）［2006.01］	910

排名	国际专利分类号（IPC）大组	专利数量/件
6	F03D7：风力发动机的控制（电能的供给或分配入 H02J，例如网络中调整、消除或补偿无功功率的装置入 H02J3/18；发电机的控制入 H02P，例如用于取得所需输出值的发电机的控制装置入 H02P9/00）［2006.01］	844
7	F03D5：其他风力发动机（其控制入 F03D7/00）［2006.01］	200
8	F03D13：风力发动机的装配、安装或试运行，适用于运输风力发动机部件的配置［2016.01］	141
9	F03D80：不包含在组 F03D1/00～F03D17/00 中的零件、组件或附件［2016.01］	83
10	F03D17：风力发动机的监控或测试，例如诊断（试车过程中的测试入 F03D13/30）［2016.01］	56

2.7　丹　麦

2.7.1　专利申请趋势

图 2-25 展示的是 2012—2021 年在丹麦的风能产业专利申请量发展趋势。通过申请趋势可以从宏观层面把握这一阶段在丹麦的风能产业专利申请热度变化。由图可以看出，2012—2013 年，在丹麦的风能产业专利申请量呈下降趋势，2013 年专利申请量为 241 件；2013—2017 年，在丹麦的风能产业专利申请量整体呈增长趋势，其中 2014 年和 2015 年专利申请量持平，为 324 件，2017 年专利申请量达到峰值，为 598 件；2017—2021 年，在丹麦的风能产业专利申请量呈下降趋势，2021 年专利申请量为 131 件。

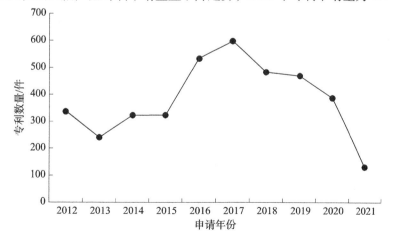

图 2-25　在丹麦的风能产业专利申请趋势

2.7.2 专利公开趋势

图 2-26 展示的是 2012—2021 年在丹麦的风能产业专利公开量发展趋势。通过公开趋势可以从宏观层面把握在这一阶段在丹麦的风能产业专利公开数量变化。由图可以看出，2012—2014 年，在丹麦的风能产业专利公开数量呈下降趋势，2014 年专利公开数量为 200 件；2014—2017 年的专利公开数量呈增长趋势，2017 年专利公开数量为510 件；2017—2018 年，在丹麦的风能产业专利公开数量呈下降趋势，2018 年专利公开数量为 487 件；2018—2021 年，在丹麦的风能产业专利公开数量呈较快增长趋势，2021 年专利公开数量达到峰值，为 749 件。

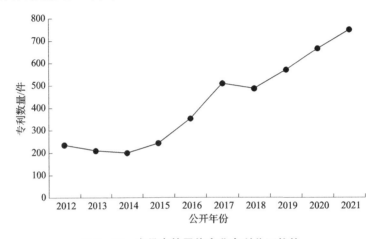

图 2-26　在丹麦的风能产业专利公开趋势

2.7.3 专利类型

图 2-27 展示的是在丹麦的风能产业专利类型分布。经过检索，获得在丹麦的风

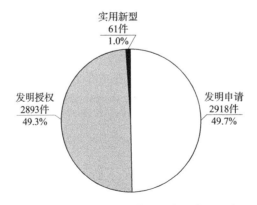

图 2-27　在丹麦的风能产业专利类型分布

能产业专利共 5872 件。其中，发明授权 2893 件，占总数的 49.3%；发明申请 2918 件，占总数的 49.7%，实用新型 61 件，占总数的 1.0%。

2.7.4　专利申请人分析

图 2-28 展示的是按照所属申请人（专利权人）的专利数量统计的在丹麦的风能产业专利主要申请人排名情况。通过分析，可以发现创新成果积累较多的专利申请人，据此可进一步分析其专利竞争实力。由图可以看出，位列第一和第二的申请人在专利数量上占绝对优势。

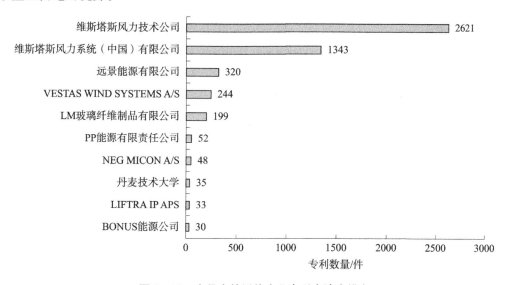

图 2-28　在丹麦的风能产业专利申请人排名

2.7.5　专利技术构成分析

表 2-7 展示的是在丹麦的风能产业专利主要技术构成情况。通过该分析可以了解分析对象覆盖的技术类别及各技术分支的创新热度。对这些专利按照国际专利分类号（IPC）进行统计的结果显示，F03D7 大组的专利数量最多，为 1953 件；其次是 F03D1 大组，专利数量为 1610 件；排在第三位的是 F03D80 大组，专利数量为 688 件；排在第四位的是 F03D13 大组，专利数量为 435 件；排在第五位的是 F03D9 大组，专利数量为 373 件。

表 2-7　丹麦风能产业专利技术领域分布（大组）

排名	国际专利分类号（IPC）大组	专利数量/件
1	F03D7：风力发动机的控制（电能的供给或分配入 H02J，例如网络中调整、消除或补偿无功功率的装置入 H02J3/18；发电机的控制入 H02P，例如用于取得所需输出值的发电机的控制装置入 H02P9/00）［2006.01］	1953

续表

排名	国际专利分类号（IPC）大组	专利数量/件
2	F03D1：具有基本上与进入发动机的气流平行的旋转轴线的风力发动机（其控制入 F03D7/02）［2006.01］	1610
3	F03D80：不包含在组 F03D1/00 ～ F03D17/00 中的零件、组件或附件 ［2016.01］	688
4	F03D13：风力发动机的装配、安装或试运行，适用于运输风力发动机部件的配置 ［2016.01］	435
5	F03D9：特殊用途的风力发动机；风力发动机与受它驱动的装置的组合（与由风提供动力的车辆推进单元相结合的装置入 B60K16/00；以与风力发动机相结合为特征的泵入 F04B17/02）；安装于特定场所的风力发动机（产生电能的混合风力光伏能源系统入 H02S10/12）［2016.01］	373
6	H02J3：交流干线或交流配电网络的电路装置 ［2006.01］	272
7	F03D17：风力发动机的监控或测试，例如诊断（试车过程中的测试入 F03D13/30）［2016.01］	216
8	E02D27：作为下部结构的基础 ［2006.01］	149
9	F03D15：机械动力的传送 ［2016.01］	74
10	F03D3：具有基本上与进入发动机的气流垂直的旋转轴线的风力发动机（其控制入 F03D7/06）［2006.01］	68

第3章

风力发电机组专利分析

3.1　定桨距风力发电机组

3.1.1　技术研究背景

随着我国风电产业的快速发展，风力发电机组的容量不断增大，叶片越来越长，由于早期的风力发电机组在设计时没有考虑到高原地区的空气密度小的特点，导致在该地区的定桨距风力发电机组发电量很难达到额定功率，降低了机组的发电量。[1]

风力发电机组的定桨距技术研究是为了提高风能利用效率和发电机组的运行性能而进行的。定桨距是指风力发电机组中的叶片与风向之间的角度，它影响着风能的捕捉和转化效率。

风能资源的稀缺性：全球范围内的风能资源是有限的，因此，风能的充分利用对于提高风力发电的经济性和可持续性至关重要。定桨距技术可以优化风能的捕捉，使得发电机组能够更有效地将风能转化为电能。

发电机组的运行性能：定桨距技术可以对风力发电机组的运行性能进行优化。通过合理调整定桨距，可以使得发电机组在不同的风速和风向条件下都能够保持较高的转化效率和稳定的运行。

风能的不稳定性：风速和风向的变化对风力发电机组的性能有很大影响。定桨距技术的研究旨在解决风能不稳定性带来的问题，使得发电机组能够更好地适应不同的风能条件，提高发电量和可靠性。

技术进步和创新：随着科学技术的进步和风力发电技术的不断发展，定桨距技术也在不断创新和改进。通过研究定桨距技术，可以提高风力发电机组的控制性能和响应速度，使得其在复杂的环境条件下能够更好地适应和运行。

---

[1]　杨劲，谢伟，张伟，等. 定桨距风力发电机组叶片加装涡流发生器性能提升研究 [J]. 机电工程技术，2019，48（10）：124 – 127.

3.1.2 技术发展历程

1. 早期阶段

20 世纪 80 年代末，瑞典乌普萨拉大学的科学家在研究中首次提出了定桨距技术的概念，并提出了一种简单的电气调节方案。但是由于当时技术水平和市场需求的限制，这一技术并没有得到广泛应用。

2. 中期阶段

20 世纪 90 年代，随着风力发电技术的逐步成熟和市场需求的增长，定桨距技术开始得到重视。德国的爱纳康公司、西班牙的歌美飒公司等先后推出了基于定桨距技术的风力发电机组。这些机组采用了先进的电气调节方案，能够实现更加精确的控制和调节。

3. 现代阶段

21 世纪以来，随着技术的不断进步和市场需求的进一步增长，定桨距技术已经成为现代风力发电机组的主流技术之一。现代定桨距风力发电机组采用了先进的电气调节系统、机械传动系统和桨叶设计等技术，能够实现更加高效、稳定的运行。同时，还结合了智能化、数字化等新技术，实现了远程监测、故障诊断和维护等功能。

定桨距技术的发展历程经历了从概念提出到初步应用，再到成为主流技术的过程。随着技术的不断创新和市场的不断发展，定桨距技术在未来的发展中还将继续发挥重要的作用。

3.1.3 全球市场规模

定桨距风力发电机组是目前全球风力发电行业中的一种主流技术，其市场规模正在不断扩大。

根据市场调研机构的统计数据，截至 2021 年底，全球风力发电装机容量已经达到 743.1 GW，其中定桨距风力发电机组占比超过 80%。据预测，未来几年风力发电装机容量将继续增加，特别是在欧洲、北美洲和亚洲等地区的需求增长将更为显著。到 2030 年，全球风力发电装机容量将达到 2000 GW，其中定桨距风力发电机组的市场规模也有望进一步扩大。

定桨距技术的不断创新和发展也将推动市场的增长。随着机械传动、电气控制和桨叶设计等技术的不断升级和改进，定桨距风力发电机组的效率和稳定性将得到进一步提高，从而推动市场的增长。此外，随着可再生能源的不断普及和发展，定桨距技术还有望在海上风电、微型风力发电等领域得到广泛应用，市场前景广阔。

3.1.4 专利申请趋势

图 3–1 展示的是在 2013—2022 年的定桨距风力发电机组全球专利申请趋势。通过

申请趋势可以从宏观层面把握在这一阶段的定桨距风力发电机组专利申请热度变化。由图可以看出，2013—2019 年，定桨距风力发电机组全球专利申请量呈波动增长趋势，2013 年专利申请量为 132 件，2019 年专利申请量为 149 件。2019—2022 年，定桨距风力发电机组全球专利申请量呈下降趋势。

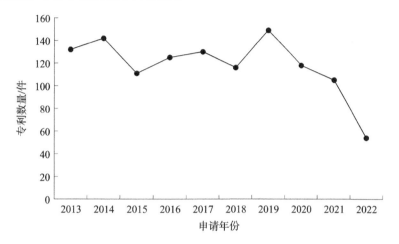

图 3 – 1　定桨距风力发电机组全球专利申请趋势

3.1.5　专利主要来源国家或地区

图 3 – 2 展示了定桨距风力发电机组全球专利在主要申请国家或地区的数量分布情况。通过该图可以了解在不同国家或地区定桨距风力发电机组技术创新的活跃情况，从而发现主要的技术创新来源地区和重要的目标市场。由图可以看出，中国、美国、丹麦是定桨距风力发电机组全球专利重点申请国家，数量分别为 664 件、341 件、290 件。紧随其后的为欧洲专利局 239 件，日本 186 件。以上分布情况表明，中国、美国、

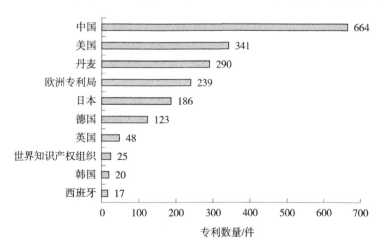

图 3 – 2　定桨距风力发电机组全球专利在主要申请国家或地区的数量分布

丹麦等国家或地区是定桨距风力发电机组全球专利布局的主要区域，企业可以跟踪、引进和消化该领域技术，在此基础上实现技术突破。

3.1.6 专利申请人分析

表3-1展示的是按照所属申请人（专利权人）的专利数量统计的定桨距风力发电机组全球专利主要申请人排名情况。通过分析，可以发现 VESTAS WIND SYSTEMS A/S 等主体是创新成果积累较多的专利申请人，专利竞争实力较强。

表3-1　定桨距风力发电机组全球专利主要申请人排名

排名	申请人	专利数量/件
1	VESTAS WIND SYSTEMS A/S	166
2	通用电气公司	145
3	维斯塔斯风力系统有限公司	111
4	三菱重工业株式会社	93
5	西门子公司	74
6	乌本产权有限公司	47
7	北京金风科创风电设备有限公司	31
8	通用电气再生能源技术公司	29
8	株式会社日立制作所	29
10	LM 玻璃纤维制品有限公司	25

3.1.7 专利技术构成分析

表3-2展示的是定桨距风力发电机组全球专利主要技术构成及数量分布情况。通过分析可以了解定桨距风力发电机组全球专利覆盖的技术类别及各技术分支的创新热度。对这些专利按照国际专利分类号（IPC）进行统计的结果显示，F03D7 大组的专利数量最多，为 972 件；其次是 F03D1 大组，专利数量为 166 件；排在第三位的是 F03D9 大组，专利数量为 126 件；排在第四位的是 F03D17 大组，专利数量为 74 件；排在第五位的是 H02J3 大组，专利数量为 70 件。

表3-2　定桨距风力发电机组全球专利技术领域分布（大组）

排名	国际专利分类号（IPC）大组	专利数量/件
1	F03D7：风力发动机的控制（电能的供给或分配入 H02J，例如网络中调整、消除或补偿无功功率的装置入 H02J3/18；发电机的控制入 H02P，例如用于取得所需输出值的发电机的控制装置入 H02P9/00）［2006.01］	972
2	F03D1：具有基本上与进入发动机的气流平行的旋转轴线的风力发动机（其控制入 F03D7/02）［2006.01］	166

排名	国际专利分类号（IPC）大组	专利数量/件
3	F03D9：特殊用途的风力发动机；风力发动机与受它驱动的装置的组合（与由风提供动力的车辆推进单元相结合的装置入B60K16/00；以与风力发动机相结合为特征的泵入F04B17/02）；安装于特定场所的风力发动机（产生电能的混合风力光伏能源系统入H02S10/12）［2016.01］	126
4	F03D17：风力发动机的监控或测试，例如诊断（试车过程中的测试入F03D13/30）［2016.01］	74
5	H02J3：交流干线或交流配电网络的电路装置［2006.01］	70
6	H02P9：用于取得所需输出值的发电机的控制装置［2006.01］	60
7	F03D11：不包含在本小类其他组中或与本小类其他组无关的零件、部件或附件	56
8	F03D80：不包含在组F03D1/00～F03D17/00中的零件、组件或附件［2016.01］	31
9	B64C11：螺旋桨，例如管道型的；螺旋桨和旋翼机旋翼共有的特征［2006.01］	26
9	B64C27：旋翼机；其特有的旋翼［2006.01］	26

3.1.8　主要申请人定桨距风力发电机组专利分析

3.1.8.1　VESTAS WIND SYSTEMS A/S

1. 专利申请趋势

图3－3展示的是VESTAS WIND SYSTEMS A/S定桨距风力发电机组全球专利申请量在2013—2022年的发展趋势。通过申请趋势可以从宏观层面把握该公司在这一阶段的定桨距风力发电机组专利申请热度变化。由图可以看出，2013—2016年，VESTAS WIND SYSTEMS A/S定桨距风力发电机组全球专利申请量整体呈波动增长趋势，2014年专利申请量为16件，2015年专利申请量减少至13件，2016年专利申请量增至22件；2016—2022年，专利申请量呈波动下降趋势，2022年专利申请量为5件。

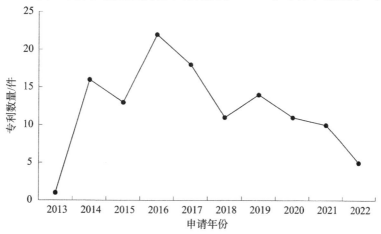

图3－3　VESTAS WIND SYSTEMS A/S定桨距风力发电机组全球专利申请趋势

2. 专利法律状态

经过检索，获得 VESTAS WIND SYSTEMS A/S 定桨距风力发电机组全球专利共 166 件。图 3-4 展示的是这些专利处于有效、失效、审中等状态的占比情况。● 由图可知，有效专利 85 件，占专利总数的 51.2%；PCT 指定期满专利 45 件，占专利总数的 27.1%；审中专利 26 件，占专利总数的 15.7%；失效专利 7 件，占比 4.2%；PCT 指定期内专利 3 件，占比 1.8%。

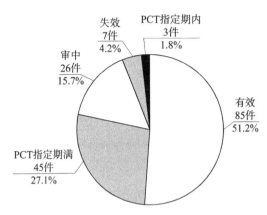

图 3-4 VESTAS WIND SYSTEMS A/S 定桨距风力发电机组全球专利法律状态分布

3. 专利类型

VESTAS WIND SYSTEMS A/S 的 166 件定桨距风力发电机组专利均为发明专利。

4. 专利技术来源国家或地区排名

图 3-5 所示为 VESTAS WIND SYSTEMS A/S 定桨距风力发电机组全球专利技术来源国家或地区排名。由图可以看出，VESTAS WIND SYSTEMS A/S 定桨距风力发电机组专利技术主要来源于丹麦。

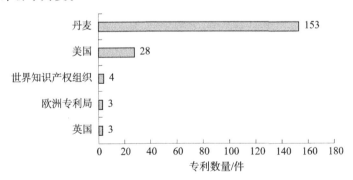

图 3-5 VESTAS WIND SYSTEMS A/S 定桨距风力发电机组全球专利技术来源国家或地区排名❷

---

❶ 通过分析，可以了解分析对象中已获得实质性保护、已失去专利权保护和正在审查中的专利数量分布情况，以从整体上掌握专利的权利保护和潜在风险情况，为专利权的法律性调查提供依据。

❷ 技术来源国家或地区排名的分析维度是"最早优先权国别"。由于一个专利是有多个优先权的，所以会出现按照最早优先权国别检索的专利总数大于申请人总的专利数的情况。

5. 专利目标市场排名❶

图 3-6 所示为 VESTAS WIND SYSTEMS A/S 定桨距风力发电机组全球专利技术目标市场排名。由图可以看出，欧洲专利局、世界知识产权组织、美国和西班牙是该技术的重点布局所在。

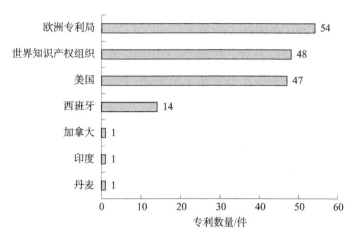

图 3-6　VESTAS WIND SYSTEMS A/S
定桨距风力发电机组全球专利技术目标市场排名

6. 专利技术构成分析

表 3-3 展示的是 VESTAS WIND SYSTEMS A/S 定桨距风力发电机组专利主要技术构成及数量分布情况。通过分析，可以了解分析对象覆盖的技术类别及各技术分支的创新热度。对这些专利按照国际专利分类号（IPC）进行统计的结果显示，F03D7 大组的专利数量最多，为 135 件；其次是 F03D17 大组，专利数量为 11 件；排在第三位的是 F03D1 大组，专利数量为 9 件；排在第四位的是 F03D11 大组，专利数量为 4 件；排在第五位的是 F03D9 大组，专利数量为 3 件。

表 3-3　VESTAS WIND SYSTEMS A/S 定桨距风力发电机组全球专利技术领域分布（大组）

排名	国际专利分类号（IPC）大组	专利数量/件
1	F03D7：风力发动机的控制（电能的供给或分配入 H02J，例如网络中调整、消除或补偿无功功率的装置入 H02J3/18；发电机的控制入 H02P，例如用于取得所需输出值的发电机的控制装置入 H02P9/00）［2006.01］	135
2	F03D17：风力发动机的监控或测试，例如诊断（试车过程中的测试入 F03D13/30）［2016.01］	11
3	F03D1：具有基本上与进入发动机的气流平行的旋转轴线的风力发动机（其控制入 F03D7/02）［2006.01］	9
4	F03D11：不包含在本小类其他组中或与本小类其他组无关的零件、部件或附件	4

---

❶ 此排名主要针对专利受理局进行分析，分析技术主要布局在哪些国家或地区，在一定程度上也可反映该目标市场的受关注程度。

排名	国际专利分类号（IPC）大组	专利数量/件
5	F03D9：特殊用途的风力发动机；风力发动机与受它驱动的装置的组合（与由风提供动力的车辆推进单元相结合的装置入 B60K16/00；以与风力发动机相结合为特征的泵入 F04B17/02）；安装于特定场所的风力发动机（产生电能的混合风力光伏能源系统入 H02S10/12）［2016.01］	3
6	F03D80：不包含在组 F03D1/00 ～ F03D17/00 中的零件、组件或附件［2016.01］	1
6	G05D3：位置或方向的控制（G05D1/00 优先；数字控制的定位 G05B19/18）［2006.01］	1
6	F03D13：风力发动机的装配、安装或试运行，适用于运输风力发动机部件的配置［2016.01］	1

3.1.8.2　通用电气公司

1. 专利申请趋势

图 3－7 展示的是通用电气公司定桨距风力发电机组全球专利申请量在 2013—2021 年的发展趋势。通过申请趋势可以从宏观层面把握该公司在这一阶段的定桨距风力发电机组专利申请热度变化。由图可以看出，2013—2017 年，通用电气公司定桨距风力发电机组全球专利申请量呈快速减少趋势，2013 年专利申请量为 19 件，2017 年专利申请量为 2 件；2018 年，通用电气公司定桨距风力发电机组专利申请量有所回升，为 13 件；2018—2021 年，通用电气公司定桨距风力发电机组专利申请量整体呈现波动下降趋势，2020 年专利申请量为 2 件，2021 年专利申请量回升至 5 件。

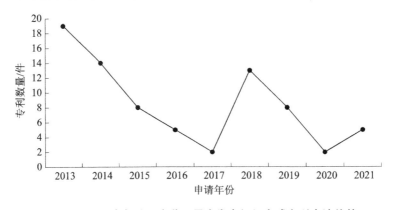

图 3－7　通用电气公司定桨距风力发电机组全球专利申请趋势

2. 专利法律状态

经过检索，获得通用电气公司定桨距风力发电机组全球专利共 145 件。图 3－8 展示的是这些专利处于有效、失效、审中等状态的占比情况。由图可知，有效专利 87 件，占专利总数的 60.0%；失效专利 34 件，占专利总数的 23.4%；审中专利 15 件，占专利总数的 10.3%；法律状态未知的专利 5 件，占比 3.4%；PCT 指定期满专利 4 件，占比 2.8%。

3. 专利类型

图 3-9 展示的是通用电气公司定桨距风力发电机组全球专利类型分布。发明专利 142 件，占总数的 97.9%；实用新型专利 3 件，占总数的 2.1%。

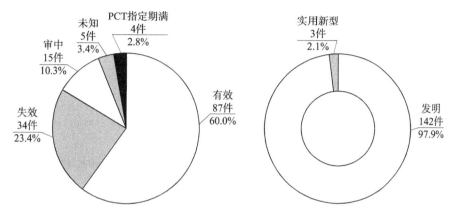

图 3-8　通用电气公司定桨距风力　　　　图 3-9　通用电气公司定桨距风力
　　　发电机组全球专利法律状态分布　　　　　　发电机组全球专利类型分布

4. 专利技术来源国家或地区排名

图 3-10 所示为通用电气公司定桨距风力发电机组全球专利技术来源国家或地区排名。由图可以看出，通用电气公司定桨距风力发电机组专利技术主要来源于美国。

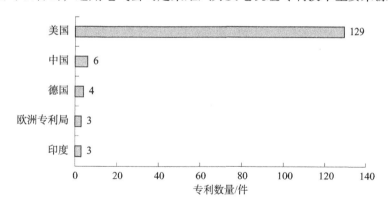

图 3-10　通用电气公司定桨距风力发电机组专利技术来源国家或地区排名

5. 专利目标市场排名

图 3-11 所示为通用电气公司定桨距风力发电机组全球专利技术目标市场排名。由图 3-11 可以看出，美国、欧洲和中国是通用电气公司定桨距风力发电机组专利布局重点。

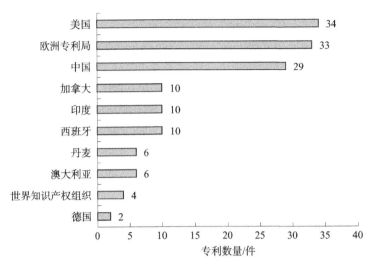

图3-11 通用电气公司定桨距风力发电机组全球专利技术目标市场排名

6. 专利技术构成分析

表3-4展示的是通用电气公司定桨距风力发电机组专利主要技术构成及数量分布情况。其中，F03D7 大组的专利数量最多，为97件；其次是 F03D1 大组，专利数量9件；排在第三位的是 F03D80 大组，专利数量7件；排在第四位的是 H02P9 大组；并列排在第五位的是 F03D17 大组和 F03D11 大组，专利数量3件。

表3-4 通用电气公司定桨距风力发电机组专利技术领域分布（大组）

排名	国际专利分类号（IPC）大组	专利数量/件
1	F03D7：风力发动机的控制（电能的供给或分配入 H02J，例如网络中调整、消除或补偿无功功率的装置入 H02J3/18；发电机的控制入 H02P，例如用于取得所需输出值的发电机的控制装置入 H02P9/00）［2006.01］	97
2	F03D1：具有基本上与进入发动机的气流平行的旋转轴线的风力发动机（其控制入 F03D7/02）［2006.01］	9
3	F03D80：不包含在组 F03D1/00～F03D17/00 中的零件、组件或附件［2016.01］	7
4	H02P9：用于取得所需输出值的发电机的控制装置［2006.01］	5
5	F03D17：风力发动机的监控或测试，例如诊断（试车过程中的测试入 F03D13/30）［2016.01］	3
5	F03D11：不包含在本小类其他组中或与本小类其他组无关的零件、部件或附件	3
7	G01M1：机器或结构部件的静态或动态平衡的测试［2006.01］	2
7	B64C11：螺旋桨，例如管道型的；螺旋桨和旋翼机旋翼共有的特征［2006.01］	2
9	H02K55：具有在低温下工作的绕组的电机［2006.01］	1
9	G01B3：以机械技术为特征的测量仪器	1

3.1.8.3　维斯塔斯风力系统有限公司

1. 专利申请趋势

图 3-12 展示的是维斯塔斯风力系统有限公司定桨距风力发电机组全球专利申请量在 2013—2021 年的发展趋势。通过申请趋势可以从宏观层面把握该公司在这一阶段的定桨距风力发电机组专利申请热度变化。由图可以看出，2013—2017 年，维斯塔斯风力系统有限公司定桨距风力发电机组全球专利申请量持续增加；2018 年，专利申请量快速减少至 6 件；2019 年，专利申请量增加至 8 件；2020—2021 年，专利申请量呈减少趋势，2021 年专利申请量为 2 件。

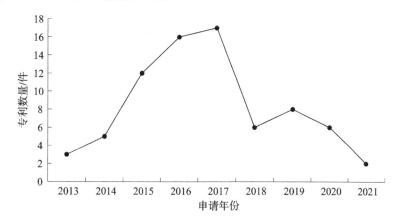

图 3-12　维斯塔斯风力系统有限公司定桨距风力发电机组全球专利申请趋势

2. 专利法律状态

经过检索，获得维斯塔斯风力系统有限公司定桨距风力发电机组全球专利共 111 件。图 3-13 展示的是这些专利处于有效、失效、审中等状态的占比情况。其中，有效专利 74 件，占专利总数的 66.7%；失效专利 18 件，占专利总数的 16.2%；审中专利 14 件，占专利总数的 12.6%；法律状态未知的专利 5 件，占专利总数的 4.5%。

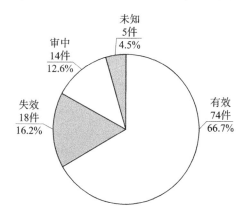

图 3-13　维斯塔斯风力系统有限公司定桨距
风力发电机组全球专利法律状态分布

3. 专利类型

维斯塔斯风力系统有限公司的 111 件定桨距风力发电机组全球专利均为发明专利。

4. 专利技术来源国家或地区排名

图 3-14 所示为维斯塔斯风力系统有限公司定桨距风力发电机组全球专利技术来源国家或地区排名。由图可以看出，维斯塔斯风力系统有限公司定桨距风力发电机组全球专利技术主要来源国家是丹麦。

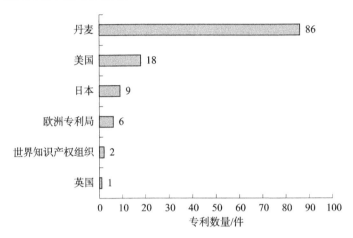

**图 3-14 维斯塔斯风力系统有限公司定桨距
风力发电机组全球专利技术来源国家或地区排名**

5. 专利目标市场排名

图 3-15 所示为维斯塔斯风力系统有限公司定桨距风力发电机组全球专利技术目标市场排名。由图可以看出，中国、美国、西班牙是维斯塔斯风力系统有限公司定桨距风力发电机组专利重点布局所在。

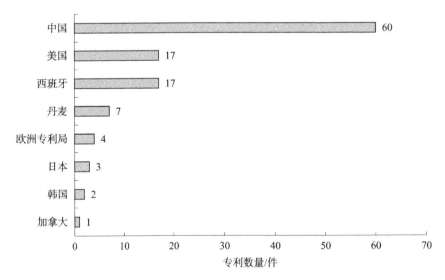

图 3-15 维斯塔斯风力系统有限公司定桨距风力发电机组全球专利技术目标市场排名

6. 专利技术构成分析

表 3-5 展示的是维斯塔斯风力系统有限公司定桨距风力发电机组专利主要技术构成及数量分布情况。通过分析，可以了解分析对象覆盖的技术类别及各技术分支的创新热度。对这些专利按照国际专利分类号（IPC）进行统计的结果显示，F03D7 大组的专利数量最多，为 86 件；并列排在第二位的是 H02P9 大组和 F03D1 大组，专利数量为 7 件；排在第四位的是 F03D9 大组，专利数量为 4 件；排在第五位的是 F03D17 大组，专利数量为 3 件。

表 3-5 维斯塔斯风力系统有限公司定桨距风力发电机组全球专利技术领域分布（大组）

排名	国际专利分类号（IPC）大组	专利数量/件
1	F03D7：风力发动机的控制（电能的供给或分配入 H02J，例如网络中调整、消除或补偿无功功率的装置入 H02J3/18；发电机的控制入 H02P，例如用于取得所需输出值的发电机的控制装置入 H02P9/00）［2006.01］	86
2	H02P9：用于取得所需输出值的发电机的控制装置［2006.01］	7
2	F03D1：具有基本上与进入发动机的气流平行的旋转轴线的风力发动机（其控制入 F03D7/02）［2006.01］	7
4	F03D9：特殊用途的风力发动机；风力发动机与受它驱动的装置的组合（与由风提供动力的车辆推进单元相结合的装置入 B60K16/00；以与风力发动机相结合为特征的泵入 F04B17/02）；安装于特定场所的风力发动机（产生电能的混合风力光伏能源系统入 H02S10/12）［2016.01］	4
5	F03D17：风力发动机的监控或测试，例如诊断（试车过程中的测试入 F03D13/30）［2016.01］	3
6	F03D80：不包含在组 F03D1/00～F03D17/00 中的零件、组件或附件［2016.01］	2
7	H02J3：交流干线或交流配电网络的电路装置［2006.01］	1
7	G01M99：本小类其他组中不包括的技术主题［2011.01］	1
7	F03D13：风力发动机的装配、安装或试运行，适用于运输风力发动机部件的配置［2016.01］	1

3.1.9 高被引专利

表 3-6 列出了 10 个定桨距风力发电机组高被引专利，并按施引专利申请数量进行排名。表 3-7～表 3-16 给出了其主要信息。

表 3-6 定桨距风力发电机组高被引专利排名

排名	申请号	专利名称	引文数量/篇	施引专利申请数量/件
1	US08725187	双馈机性能优化控制器及控制方法	19	417
2	CN201880002528.9	工业物联网中具有大数据集的数据收集环境下的检测方法和系统	6	225

排名	申请号	专利名称	引文数量/篇	施引专利申请数量/件
3	US06537750	风力发电系统	36	201
4	US10074904	具有带标量功率控制和相关变桨控制的无源电网侧整流器的变速风力涡轮机	159	184
5	US07931200	变速风力发电机的速度控制系统	2	176
6	US08907513	变速风力发电机	19	171
7	US08120658	风力涡轮机转子叶片	10	156
8	US09640503	变速风力发电机	75	123
9	US10609268	变速风力发电机	72	113
10	US11001690	变速风力发电机	81	111

表 3-7　US08725187 申请的详细信息

专利名称	双馈机性能优化控制器及控制方法		
申请号	US08725187	申请日	1996/10/2
公开（公告）号	US5798631A	公开（公告）日	1998/8/25
摘要	变速恒频（VSCF）系统利用双馈电机（DFM）来最大化系统的输出功率。该系统包括向 DFM 提供频率信号和电流信号的功率转换器。功率转换器由自适应控制器控制。控制器向转换器发送信号以改变其频率信号，从而改变 DFM 的转子速度，直到检测到最大功率输出。控制器还向转换器发送信号以改变其电流信号，并由此改变由相应绕组承载的功率部分，直到感测到最大功率输出。可以增强控制以不仅最大化功率和效率，而且提供谐波和无功功率补偿		

表 3-8　CN201880002528.9 申请的详细信息

专利名称	工业物联网中具有大数据集的数据收集环境下的检测方法和系统		
申请号	CN201880002528.9	申请日	2018/8/2
公开（公告）号	CN110073301A	公开（公告）日	2019/7/30
摘要	本发明公开了一种用于在工业环境中进行数据收集的监测设备、系统和方法。该系统包括通信连接到多个输入通道和网络架构的数据收集器；其中该数据收集器基于已选择的数据收集例程进行数据收集；该系统还包括被结构化为存储多个收集器例程和已收集数据的数据存储器、被结构化为从已收集数据中解译多个检测值的数据收集电路、被结构化为分析该已收集数据并确定从该多个输入通道处收集的数据的聚合率；如果聚合率超出该网络架构的吞吐参数，该数据分析电路改变数据收集从而降低被收集数据的量		

表 3 – 9　US06537750 申请的详细信息

专利名称	风力发电系统		
申请号	US06537750	申请日	1983/9/29
公开（公告）号	US4565929A	公开（公告）日	1986/1/21
摘要	固定桨距风力涡轮机转子（18）摇晃安装（76、78、80）到低速输入轴（44）上，该输入轴连接到升压变速器（46）的输入端（58）。升压变压器（46）的输出端（48）连接到旋转磁极调幅感应电机（42），该感应电机在多个离散转速下可作为发电机运行，也可作为转子的启动电机运行。响应于风力涡轮机转子的旋转速度的开关（45）将发电机从一种运行速度切换到另一种运行速度。转子毂（72）和从毂（72）沿相反方向径向向外延伸的两个叶片（68、70）的内部主体部分（71）由钢构成。叶片（68、70）的外端部（73）由较轻的材料制成，例如木材，并且比转子的其余部分更薄更窄。每个叶片（68、70）的外端部（73）包括主体部分和铰链连接到主体部分的后缘部分（104）。每个叶片（68、70）包括离心力操作的定位装置（98、100），其通常将阻力制动部分（104）保持在缩回位置，但响应于预定大小的离心力而操作以移动阻力制动部分（104）进入其展开位置。每个叶片具有翼形横截面，并且每个叶片（68、70）具有与毂（72）相邻的正扭转内部部分，随着该正扭转内部从毂（72）径向向外延伸，首先变为零扭转，然后变为负扭转		

表 3 – 10　US10074904 申请的详细信息

专利名称	具有带标量功率控制和相关变桨控制的无源电网侧整流器的变速风力涡轮机		
申请号	US10074904	申请日	2002/2/11
公开（公告）号	US7015595B2	公开（公告）日	2006/3/21
摘要	公开了一种变速风力涡轮机，其具有使用标量功率控制和相关变桨控制的无源电网侧整流器。变速涡轮机可包括为电网提供功率的发电机和耦合至发电机的功率转换系统。功率转换系统可以包括至少一个无源电网侧整流器。功率转换系统可以使用无源电网侧整流器向发电机提供功率。变速风力涡轮机还可使用标量功率控制来提供对电网上电量的更精确控制。变速风力涡轮机可以进一步使用相关的俯仰控制来改善风力涡轮机的响应性		

表 3 – 11　US07931200 申请的详细信息

专利名称	变速风力发电机的速度控制系统		
申请号	US07931200	申请日	1992/8/17
公开（公告）号	US5289041A	公开（公告）日	1994/2/22
摘要	公开了一种用于操作变速涡轮机以跟踪风速波动，从而实现风能到电能的高效转换的控制器和方法。本发明的控制器根据由风观测器提供的风速来控制转子速度，近似地跟随变化的风速。偏航角误差传感器感测涡轮机与风向未对准的程度。风力观测器预测随后时间点的平均风速。平均风速应用于参数表以确定转子速度和扭矩的期望值，转子速度稳定器使用这些值来指令参考负载扭矩。根据指令的负载转矩控制发电机的负载转矩，使其近似于所需的转子速度。在运行期间，风速预测过程在每个后续时间间隔重复进行，并相应地控制负载扭矩，从而控制转子速度。风力观测器计算气动扭矩，然后计算净扭矩。风速被预测为当前（先前预测的）风速和校正项的函数，包括净转矩、偏航角误差以及预测和实际转子速度之间的差异。每当风力涡轮机转子转动时，无论是否在发电，风力观测器都很有用		

表 3 - 12　US08907513 申请的详细信息

专利名称	变速风力发电机		
申请号	US08907513	申请日	1997/8/8
公开（公告）号	US6137187A	公开（公告）日	2000/10/24
摘要	描述了一种用于风力涡轮机中的变速系统。该系统包括一个绕线转子感应发电机、一个转矩控制器和一个比例积分微分（PID）变桨控制器。转矩控制器使用磁场定向控制发电机转矩，PID 控制器根据发电机转子速度进行桨距调节		

表 3 - 13　US08120658 申请的详细信息

专利名称	风力涡轮机转子叶片		
申请号	US08120658	申请日	1993/9/13
公开（公告）号	US5474425A	公开（公告）日	1995/12/12
摘要	具有水平轴、可自由偏航、可自调节风力涡轮机，有坚固的、轻便的、耐疲劳的、固定节距的木质/GRE 叶片，并在一系列风速下表现出卓越的性能。通过定义内侧、中跨和外侧翼形轮廓并在定义的轮廓之间以及从末尾到叶片根部和尖端插入轮廓来设计叶片		

表 3 - 14　US09640503 申请的详细信息

专利名称	变速风力发电机		
申请号	US09640503	申请日	2000/8/16
公开（公告）号	US6420795B1	公开（公告）日	2002/7/16
摘要	描述了一种用于系统（例如风力涡轮机）中的变速系统。该系统包括绕线转子感应发电机、转矩控制器和比例积分微分（PID）桨距控制器。转矩控制器使用磁场定向控制来控制发电机转矩，PID 控制器根据发电机转子速度进行变桨调节		

表 3 - 15　US10609268 申请的详细信息

专利名称	变速风力发电机		
申请号	US10609268	申请日	2003/6/26
公开（公告）号	US6856039B2	公开（公告）日	2005/2/15
摘要	描述了一种用于诸如风力涡轮机之类的系统中的变速系统。该系统包括绕线转子感应发电机、扭矩控制器和比例积分微分（PID）变桨控制器。转矩控制器使用磁场定向控制来控制发电机转矩，PID 控制器根据发电机转子速度进行桨距调节		

表 3 - 16　US11001690 申请的详细信息

专利名称	变速风力发电机		
申请号	US11001690	申请日	2004/11/30
公开（公告）号	US7095131B2	公开（公告）日	2006/8/22
摘要	描述了一种用于诸如风力涡轮机之类的系统中的变速系统。该系统包括绕线转子感应发电机、扭矩控制器和比例积分微分（PID）变桨控制器。转矩控制器使用磁场定向控制来控制发电机转矩，PID 控制器根据发电机转子速度进行桨距调节		

3.2　变桨距风力发电机组

3.2.1　技术研究背景

随着风力发电技术的迅速发展，风力发电机组由恒速恒频向变速恒频发展，并由定桨距向变桨距发展。变桨距风力发电机组能最大限度捕获风能，以输出功率平稳、机组受力小等优点成为当前大型风力发电机组的主流机型。变桨距控制技术通过调节桨叶的节距角来改变气流对桨叶的攻角。当风力较大时，通过调节装置使桨叶迎角减小。当风力较小时，通过调节装置使桨叶迎角增大，从而改变风力发电机组获得的空气动力转矩，使风力发电机组功率输出保持稳定。风力发电机组变桨距系统按动力分为液压变桨距系统和电动变桨距系统。● 这一技术的研究背景可以从以下两个方面进行考虑。

1. 清洁能源的发展需求

随着全球对清洁能源的需求不断增加，风能作为一种具有良好环境效益和经济效益的清洁能源，得到了广泛的关注和发展。变桨距技术正是为了提高风力发电机组的发电效率和稳定性，从而更好地满足这一能源的发展需求而产生的。

2. 技术创新和发展

风力发电技术的不断创新和发展也推动了变桨距技术的研究和应用。在风力发电的初期阶段，由于对风力发电技术的理解和掌握程度有限，风力发电机组多采用可变桨距技术。但随着风力发电技术的逐步成熟，人们意识到，采用定桨距技术或变桨距技术可以更好地提高风力发电机组的效率和稳定性。因此，变桨距技术在风力发电技术的发展中得到了广泛的应用和推广。

总之，清洁能源的发展需求和风力发电技术的创新和发展是推动变桨距技术研究和应用的两个重要因素。

3.2.2　技术发展历程

1. 初期阶段

早期由于风力发电技术的不成熟和对风力的认知不足，导致可变桨距技术的应用存在一定的问题，例如机械传动系统复杂、控制系统不够稳定等。

2. 技术改进阶段

在技术改进阶段，针对可变桨距技术存在的问题，人们逐渐引入变桨距技术。变

● 汪志旭. 风力发电机组变桨距系统的分析与测试 [J]. 上海电气技术，2022，15（1）：21 – 24，56.

桨距技术通过对桨叶的角度进行调节，以实现风力发电机组在不同风速下的最佳运行状态，从而提高了风力发电机组的效率和稳定性。

3. 技术成熟阶段

随着科技的不断发展和风力发电技术的不断完善，变桨距技术得到了进一步发展和完善。现代风力发电机组采用的变桨距技术，多采用先进的机械传动系统和高效的控制系统，机组的效率和稳定性得到了进一步提高。

4. 新技术应用阶段

在技术成熟的基础上，新的技术也不断被引入到变桨距技术中。例如，现代风力发电机组中引入了智能控制技术，可以根据当地气象情况和机组的运行状态进行智能调整，从而进一步提高机组的效率和稳定性。

变桨距技术在风力发电技术的发展过程中扮演着重要的角色，经历了从初期阶段到技术改进阶段、技术成熟阶段和新技术应用阶段的发展过程。

3.2.3 全球市场规模

变桨距风力发电机组是目前风力发电技术中的另一种主流技术，随着全球对可再生能源的需求不断增加，变桨距风力发电机组的市场规模也在不断扩大。

市场研究公司 GLOBAL MARKET INSIGHTS 发布的报告显示，2019 年全球变桨距风力发电机组市场规模约为 150 亿美元。预计到 2026 年，全球市场规模将达到 230 亿美元，年复合增长率为 6% 左右。

在全球市场中，中国、美国、欧洲等国家和地区是变桨距风力发电机组的主要市场。中国作为全球最大的风力发电市场，对变桨距风力发电机组的需求非常强劲，据相关机构发布的数据，2019 年中国新增装机容量中，变桨距风力发电机组占比达到85% 以上。虽然我国风电场使用设备的国产化率有大幅度的提高，但是绝大部分技术从国外引进，知识产权属于国外公司。❶ 美国、欧洲等国家和地区的市场也在不断扩大，未来几年市场规模有望进一步增长。

3.2.4 专利申请趋势

图 3 - 16 展示的是变桨距风力发电机组全球专利申请量在 2013—2022 年的发展趋势。通过申请趋势可以从宏观层面把握这一阶段的变桨距风力发电机组专利申请热度变化。由图可以看出，2013—2020 年，变桨距风力发电机组全球专利申请量呈波动增加趋势，2013 年的专利申请量为 20 件，2020 年的专利申请量为 43 件。2021—2022年，变桨距风力发电机组全球专利申请量明显下降。

---

❶ 邵文娥，陈汉君，王虎羽. 风力发电技术的专利状况分析：风力发电技术的宏观定量分析 [J]. 今日科技，2015（5）：51 - 53.

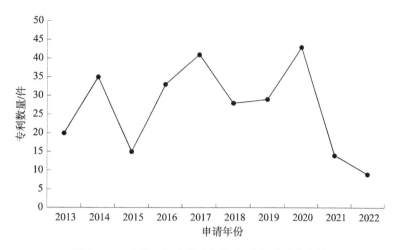

图 3 – 16　变桨距风力发电机组全球专利申请趋势

3.2.5　专利主要来源国家或地区

图 3 – 17 展示了变桨距风力发电机组全球专利在主要申请国家或地区的数量分布情况。通过该图可以了解在不同国家或地区变桨距风力发电机组技术创新的活跃情况，从而发现主要的技术创新来源地区。由图可以看出，丹麦、美国、英国是变桨距风力发电机组全球专利重点申请国家或地区，数量分别为 412 件、139 件、31 件。紧随其后的为欧洲专利局 16 件，世界知识产权组织 8 件。这一情况表明，丹麦、美国、英国等国家或地区是变桨距风力发电机组全球专利布局的主要区域，企业可以跟踪、引进和消化该领域技术，在此基础上实现技术突破。

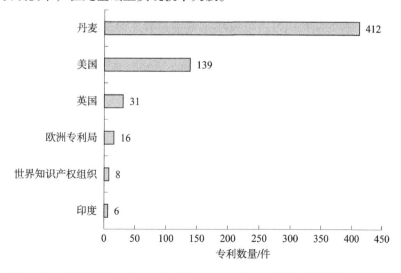

图 3 – 17　变桨距风力发电机组全球专利在主要申请国家或地区的数量分布

3.2.6 专利申请人分析

表 3-17 展示的是按照所属申请人（专利权人）的专利数量统计的变桨距风力发电机组全球专利主要申请人排名情况。通过分析，可以发现通用电气公司、VESTAS WIND SYSTEMS A/S、三菱重工业株式会社等主体是创新成果积累较多的专利申请人，专利竞争实力较强。

表 3-17 变桨距风力发电机组全球专利主要申请人排名

排名	申请人	专利数量/件
1	通用电气公司	675
2	VESTAS WIND SYSTEMS A/S	504
3	三菱重工业株式会社	294
4	远景能源有限公司	226
5	西门子公司	222
6	维斯塔斯风力系统有限公司	203
7	乌本产权有限公司	201
8	雷神科技公司	161
9	北京金风科创风电设备有限公司	103
10	株式会社日立制作所	86

3.2.7 专利技术构成分析

表 3-18 展示的是变桨距风力发电机组全球专利主要技术构成及数量分布情况。通过分析，可以了解变桨距风力发电机组全球专利覆盖的技术类别及各技术分支的创新热度。对这些专利按照国际专利分类号（IPC）进行统计的结果显示，F03D7 大组的专利数量最多，为 3402 件；其次是 F03D1 大组，专利数量为 705 件；排在第三位的是 F03D9 大组，专利数量为 528 件；排在第四位的是 F03D11 大组，专利数量为 426 件；排在第五位的是 H02J3 大组，专利数量为 276 件。

表 3-18 变桨距风力发电机组全球专利技术领域分布（大组）

排名	国际专利分类号（IPC）大组	专利数量/件
1	F03D7：风力发动机的控制（电能的供给或分配入 H02J，例如网络中调整、消除或补偿无功功率的装置入 H02J3/18；发电机的控制入 H02P，例如用于取得所需输出值的发电机的控制装置入 H02P9/00）［2006.01］	3402
2	F03D1：具有基本上与进入发动机的气流平行的旋转轴线的风力发动机（其控制入 F03D7/02）［2006.01］	705

排名	国际专利分类号（IPC）大组	专利数量/件
3	F03D9：特殊用途的风力发动机；风力发动机与受它驱动的装置的组合（与由风提供动力的车辆推进单元相结合的装置入 B60K16/00；以与风力发动机相结合为特征的泵入 F04B17/02）；安装于特定场所的风力发动机（产生电能的混合风力光伏能源系统入 H02S10/12）［2016.01］	528
4	F03D11：不包含在本小类其他组中或与本小类其他组无关的零件、部件或附件	426
5	H02J3：交流干线或交流配电网络的电路装置［2006.01］	276
6	H02P9：用于取得所需输出值的发电机的控制装置［2006.01］	219
7	F03D80：不包含在组 F03D1/00～F03D17/00 中的零件、组件或附件［2016.01］	218
8	F03D3：具有基本上与进入发动机的气流垂直的旋转轴线的风力发动机（其控制入 F03D7/06）［2006.01］	216
9	F03D17：风力发动机的监控或测试，例如诊断（试车过程中的测试入 F03D13/30）［2016.01］	184
10	B64C11：螺旋桨，例如管道型的；螺旋桨和旋翼机旋翼共有的特征［2006.01］	111

3.2.8　主要申请人变桨距风力发电机组专利分析

3.2.8.1　通用电气公司

1. 专利申请趋势

图 3−18 展示的是通用电气公司变桨距风力发电机组全球专利申请量在 2013—2022 年的发展趋势。通过申请趋势可以从宏观层面把握该公司在这一阶段的变桨距风力发电机组专利申请热度变化。由图可以看出，2013—2014 年，通用电气公司变桨距

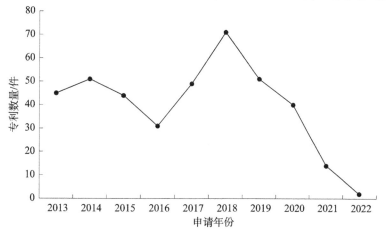

图 3−18　通用电气公司变桨距风力发电机组全球专利申请趋势

风力发电机组全球专利申请量有所增加；2014—2016 年，通用电气公司变桨距风力发电机组全球专利申请量逐年减少，2015 年专利申请量为 44 件，2016 年专利申请量为 31 件；2016—2018 年，通用电气公司变桨距风力发电机组全球专利申请量呈现快速增加趋势，于 2018 年达到峰值，为 71 件；2019—2022 年，通用电气公司变桨距风力发电机组全球专利申请量呈现快速下降趋势，2022 年专利申请量为 2 件。

2. 专利法律状态

经过检索，获得通用电气公司变桨距风力发电机组专利共 675 件。图 3 – 19 展示的是这些专利处于有效、失效、审中等状态的占比情况。由图可知，有效专利 383 件，占专利总数的 56.7%；失效专利 102 件，占专利总数的 15.1%；审中专利 92 件，占专利总数的 13.6%；法律状态未知的专利 61 件，占专利总数的 9.0%；PCT 指定期满专利 37 件，占专利总数的 5.5%。

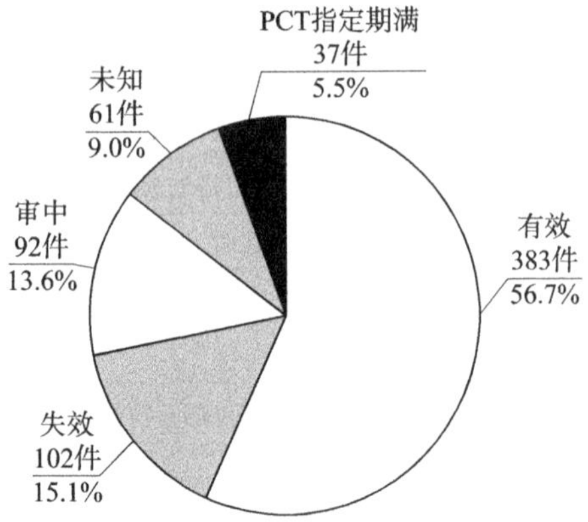

3. 专利类型

通用电气公司的 675 件变桨距风力发电机组专利均为发明专利。

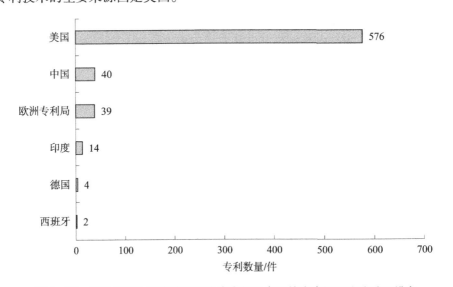

图 3 – 19 通用电气公司变桨距风力发电机组专利法律状态分布

4. 专利技术来源国家或地区排名

图 3 – 20 展示的是通用电气公司变桨距风力发电机组专利技术来源国家或地区排名，不难看出，美国是该技术的主要来源国。由图 3 – 20 可以看出，通用电气公司变桨距专利技术的主要来源国是美国。

图 3 – 20 通用电气公司变桨距风力发电机组专利技术来源国家或地区排名

5. 专利目标市场排名

图3-21展示的是通用电气公司变桨距风力发电机组专利技术目标市场排名，不难看出，美国、欧洲专利局、印度是该技术的重点布局所在。

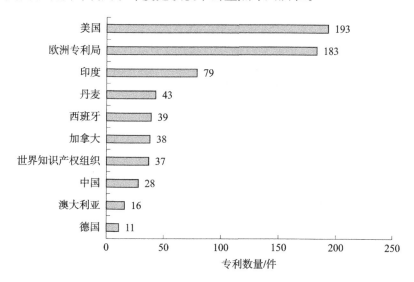

图3-21　通用电气公司变桨距风力发电机组专利技术目标市场排名

6. 专利技术构成分析

表3-19展示的是通用电气公司变桨距风力发电机组专利主要技术构成及数量分布情况。通过分析，可以了解分析对象覆盖的技术类别及各技术分支的创新热度。对这些专利按照国际专利分类号（IPC）进行统计的结果显示，F03D7大组的专利数量最多，为304件；其次是F03D80大组，专利数量为45件；排在第三位的是F03D1大组，专利数量为40件；排在第四位的是F03D17大组，专利数量为30件；排在第五位的是F03D9大组，专利数量为26件。

表3-19　通用电气公司变桨距风力发电机组专利技术领域分布（大组）

排名	国际专利分类号（IPC）大组	专利数量/件
1	F03D7：风力发动机的控制（电能的供给或分配入H02J，例如网络中调整、消除或补偿无功功率的装置入H02J3/18；发电机的控制入H02P，例如用于取得所需输出值的发电机的控制装置入H02P9/00）［2006.01］	304
2	F03D80：不包含在组F03D1/00～F03D17/00中的零件、组件或附件［2016.01］	45
3	F03D1：具有基本上与进入发动机的气流平行的旋转轴线的风力发动机（其控制入F03D7/02）［2006.01］	40
4	F03D17：风力发动机的监控或测试，例如诊断（试车过程中的测试入F03D13/30）［2016.01］	30
5	F03D9：特殊用途的风力发动机；风力发动机与受它驱动的装置的组合（与由风提供动力的车辆推进单元相结合的装置入B60K16/00；以与风力发动机相结合为特征的泵入F04B17/02）；安于特定场所的风力发动机（产生电能的混合风力光伏能源系统入H02S10/12）［2016.01］	26

排名	国际专利分类号（IPC）大组	专利数量/件
6	H02J3：交流干线或交流配电网络的电路装置［2006.01］	22
6	F03D11：不包含在本小类其他组中或与本小类其他组无关的零件、部件或附件	22
8	H02P9：用于取得所需输出值的发电机的控制装置［2006.01］	16
8	F03D13：风力发动机的装配、安装或试运行，适用于运输风力发动机部件的配置［2016.01］	16
10	F03D15：机械动力的传送［2016.01］	12

3.2.8.2　VESTAS WIND SYSTEMS A/S

1. 专利申请趋势

图3-22展示的是VESTAS WIND SYSTEMS A/S变桨距风力发电机组全球专利申请量在2013—2022年的发展趋势。通过申请趋势可以从宏观层面把握该公司在这一阶段的变桨距风力发电机组专利申请热度变化。由图3-22可以看出，2013—2020年，VESTAS WIND SYSTEMS A/S变桨距风力发电机组全球专利申请量呈波动增加趋势，2013年专利申请量为20件，2020年专利申请量为43件；2020—2022年，VESTAS WIND SYSTEMS A/S变桨距风力发电机组全球专利申请量快速减少，2021年专利申请量为14件。

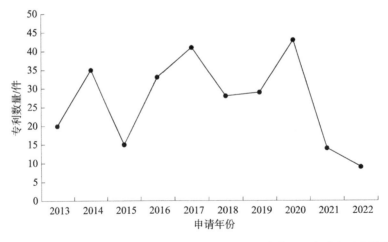

图3-22　VESTAS WIND SYSTEMS A/S变桨距风力发电机组全球专利申请趋势

2. 专利法律状态

经过检索，VESTAS WIND SYSTEMS A/S变桨距风力发电机组专利共504件。图3-23展示的是VESTAS WIND SYSTEMS A/S变桨距风力发电机组专利处于有效、失效、审中等状态的占比情况。由图可知，有效专利248件，占专利总数的49.2%；PCT指定期满专利154件，占专利总数的30.6%；审中专利51件，占专利总数的10.1%；失效专利43件，占专利总数的8.5%；PCT指定期内专利8件，占专利总数的1.6%。

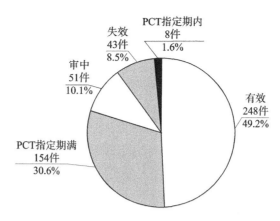

图 3 - 23 VESTAS WIND SYSTEMS A/S
变桨距风力发电机组专利法律状态分布

3. 专利类型

VESTAS WIND SYSTEMS A/S 的 504 件变桨距风力发电机组专利均为发明专利。

4. 专利技术来源国家或地区排名

图 3 - 24 所示为 VESTAS WIND SYSTEMS A/S 变桨距风力发电机组专利技术来源国家或地区排名。由图 3 - 24 可以看出，VESTAS WIND SYSTEMS A/S 变桨距风力发电专利技术主要来源国是丹麦。

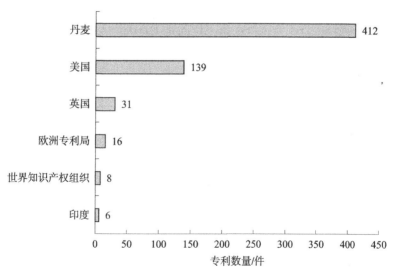

图 3 - 24 VESTAS WIND SYSTEMS A/S 变桨距风力发电机组专利技术来源国家或地区排名

5. 专利目标市场排名

图 3 - 25 所示为 VESTAS WIND SYSTEMS A/S 变桨距风力发电机组专利技术目标市场排名。由图可以看出，欧洲专利局、世界知识产权组织、美国和西班牙等是重点目标市场，是该技术的专利布局重点所在。

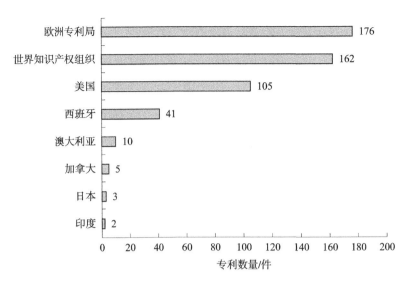

图3-25　VESTAS WIND SYSTEMS A/S 变桨距风力发电机组专利技术目标市场排名

6. 专利技术构成分析

表3-20 展示的是 VESTAS WIND SYSTEMS A/S 变桨距风力发电机组专利主要技术构成及数量分布情况。通过分析，可以了解分析对象覆盖的技术类别及各技术分支的创新热度。对 VESTAS WIND SYSTEMS A/S 变桨距风力发电机组专利按照国际专利分类号（IPC）进行统计的结果显示，F03D7 大组的专利数量最多，为306件；其次是 F03D1 大组，专利数量为66件；排在第三位的是 F03D80 大组，专利数量为19件；排在第四位的是 F03D11 大组，专利数量为18件；排在第五位的是 F03D9 大组，专利数量为15件。

表3-20　VESTAS WIND SYSTEMS A/S 变桨距风力发电机组专利技术领域分布（大组）

排名	国际专利分类号（IPC）大组	专利数量/件
1	F03D7：风力发动机的控制（电能的供给或分配入 H02J，例如网络中调整、消除或补偿无功功率的装置入 H02J3/18；发电机的控制入 H02P，例如用于取得所需输出值的发电机的控制装置入 H02P9/00）［2006.01］	306
2	F03D1：具有基本上与进入发动机的气流平行的旋转轴线的风力发动机（其控制入 F03D7/02）［2006.01］	66
3	F03D80：不包含在组 F03D1/00～F03D17/00 中的零件、组件或附件［2016.01］	19
4	F03D11：不包含在本小类其他组中或与本小类其他组无关的零件、部件或附件	18
5	F03D9：特殊用途的风力发动机；风力发动机与受它驱动的装置的组合（与由风提供动力的车辆推进单元相结合的装置入 B60K16/00；以与风力发动机相结合为特征的泵入 F04B17/02）；安装于特定场所的风力发动机（产生电能的混合风力光伏能源系统入 H02S10/12）［2016.01］	15
6	F03D17：风力发动机的监控或测试，例如诊断（试车过程中的测试入 F03D13/30）［2016.01］	13

排名	国际专利分类号（IPC）大组	专利数量/件
7	H02J3：交流干线或交流配电网络的电路装置［2006.01］	9
8	F03D13：风力发动机的装配、安装或试运行，适用于运输风力发动机部件的配置［2016.01］	6
9	F03D3：具有基本上与进入发动机的气流垂直的旋转轴线的风力发动机（其控制入 F03D7/06）［2006.01］	4
9	F16C19：专用于旋转运动的滚动接触轴承（可调轴承入 F16C23/00，F16C25/00）［2006.01］	4

3.2.8.3 三菱重工业株式会社

1. 专利申请趋势

图 3－26 展示的是三菱重工业株式会社变桨距风力发电机组全球专利申请量在 2013—2022 年的发展趋势。通过申请趋势可以从宏观层面把握该公司在这一阶段的变桨距风力发电机组专利申请热度变化。由图可以看出，2013—2018 年，三菱重工业株式会社变桨距风力发电机组全球专利申请量呈波动增加趋势，2013 年专利申请量为 4 件，2018 年专利申请量为 8 件，其中 2015 年专利申请量达到峰值，为 9 件；2019 年和 2020 年，三菱重工业株式会社无变桨距风力发电机组专利申请；2021 年和 2022 年，三菱重工业株式会社在变桨距风力发电机组领域分别申请专利 3 件和 2 件。

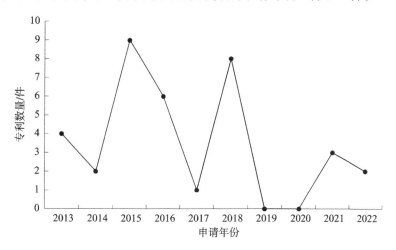

图 3－26 三菱重工业株式会社变桨距风力发电机组全球专利申请趋势

2. 专利法律状态

经过检索，获得三菱重工业株式会社变桨距风力发电机组专利共 294 件。图 3－27 展示的是三菱重工业株式会社变桨距风力发电机组专利处于有效、失效、审中等状态的占比情况。由图可知，失效专利 169 件，占专利总数的 57.5%；有效专利 86 件，占专利总数的29.3%；PCT指定期满专利34件，占专利总数的11.6%；审中专利4件，占比1.4%；PCT指定期内专利1件，占比0.3%。

3. 专利类型

图3-28展示的是三菱重工业株式会社变桨距风力发电机组专利类型分布。其中，发明专利292件，占总数的99.7%；实用新型专利1件，占总数的0.3%。

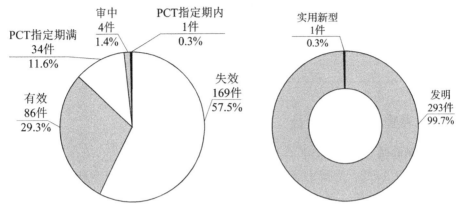

图3-27 三菱重工业株式会社变桨距　　　图3-28 三菱重工业株式会社变桨距
风力发电机组专利法律状态分布　　　　　风力发电机组专利类型分布

4. 专利技术来源国家或地区排名

图3-29所示为三菱重工业株式会社变桨距风力发电机组专利技术来源国家或地区排名。日本排在第一位，说明三菱重工业株式会社变桨距风力发电机组专利技术主要来源国是日本。

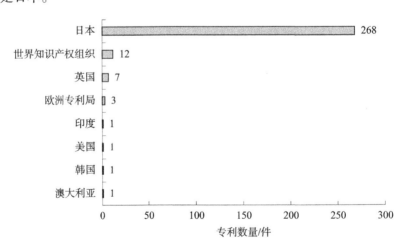

图3-29 三菱重工业株式会社变桨距风力发电机组专利技术来源国家或地区排名

5. 专利目标市场排名

图3-30所示为三菱重工业株式会社变桨距风力发电机组专利技术目标市场排名。不难看出，日本、欧洲专利局、世界知识产权组织、韩国、澳大利亚、加拿大、印度

是该技术的重点布局所在。

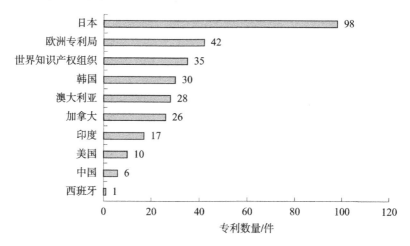

图 3 - 30 三菱重工业株式会社变桨距风力发电机组专利技术目标市场排名

6. 专利技术构成分析

表 3 - 21 展示的是三菱重工业株式会社变桨距风力发电机组专利主要技术构成及数量分布情况。通过分析，可以了解分析对象覆盖的技术类别及各技术分支的创新热度。对三菱重工业株式会社变桨距风力发电机组专利按照国际专利分类号（IPC）进行统计的结果显示，F03D7 大组的专利数量最多，为 142 件；其次是 F03D11 大组，专利数量为 57 件；排在第三位的是 F03D1 大组，专利数量为 23 件；排在第四位的是 F03D9 大组，专利数量为 17 件；排在第五位的是 H02P9 大组，专利数量为 16 件。

表 3 - 21 三菱重工业株式会社变桨距风力发电机组专利技术领域分布（大组）

排名	国际专利分类号（IPC）大组	专利数量/件
1	F03D7：风力发动机的控制（电能的供给或分配入 H02J，例如网络中调整、消除或补偿无功功率的装置入 H02J3/18；发电机的控制入 H02P，例如用于取得所需输出值的发电机的控制装置入 H02P9/00）［2006.01］	142
2	F03D11：不包含在本小类其他组中或与本小类其他组无关的零件、部件或附件	57
3	F03D1：具有基本上与进入发动机的气流平行的旋转轴线的风力发动机（其控制入 F03D7/02）［2006.01］	23
4	F03D9：特殊用途的风力发动机；风力发动机与受它驱动的装置的组合（与由风提供动力的车辆推进单元相结合的装置入 B60K16/00；以与风力发动机相结合为特征的泵入 F04B17/02）；安装于特定场所的风力发动机（产生电能的混合风力光伏能源系统入 H02S10/12）［2016.01］	17
5	H02P9：用于取得所需输出值的发电机的控制装置［2006.01］	16
6	F03D80：不包含在组 F03D1/00～F03D17/00 中的零件、组件或附件［2016.01］	9
7	F16C19：专用于旋转运动的滚动接触轴承（可调轴承入 F16C23/00，F16C25/00）［2006.01］	4

续表

排名	国际专利分类号（IPC）大组	专利数量/件
7	F03D17：风力发动机的监控或测试，例如诊断（试车过程中的测试入 F03D13/30）［2016.01］	4
9	F16H61：靠控制变速或换向传动装置内的功能而传送旋转运动 ［2006.01］	3
9	F16K31：操作装置；释放装置 ［2006.01］	3

3.2.9 高被引专利

表 3-22 列出了 10 个变桨距风力发电机组高被引专利，并按施引专利申请数量进行排名。表 3-23～表 3-32 给出了其主要信息。

表 3-22 变桨距风力发电机组高被引专利

排名	申请号	专利名称	引文数量/篇	施引专利申请数量/个
1	US13890165	使用无人飞行器网络进行运输	10	1134
2	US07799416	具有减少的功率波动和静态 VAR 操作模式的变速风力涡轮机	2	375
3	US10384318	具有多个风轮和浮动系统的海上风力发电机	33	394
4	US14940379	两栖垂直起降无人机	23	248
5	US10023899	用于气象相关活动中的风险最小化和相互保险关系的系统、方法和计算机程序产品	20	227
6	CN201880002528.9	工业物联网中具有大数据集的数据收集环境下的检测方法和系统	6	225
7	US10865376	用于检测转子叶片冰的方法和设备	8	218
8	US06537750	风力发电系统	36	201
9	US07931200	变速风力发电机的速度控制系统	2	176
10	US08907513	变速风力发电机	19	171

表 3-23 US13890165 申请的详细信息

专利名称	使用无人飞行器网络进行运输		
申请号	US13890165	申请日	2013/5/8
公开（公告）号	US9384668B2	公开（公告）日	2016/7/5
摘要	本文描述的实施例包括具有无人空中运输车辆的运输系统以及用于控制和监视的物流网络。在某些实施例中，地面站提供了在运送车辆、由车辆携带的包裹和使用者之间进行接口的位置。在某些实施例中，输送车辆自主地从一个地面站导航到另一个地面站。在某些实施例中，地面站提供导航辅助，以提高运载工具定位地面站的位置精度		

表 3 - 24 US07799416 申请的详细信息

专利名称	具有减少的功率波动和静态 VAR 操作模式的变速风力涡轮机		
申请号	US07799416	申请日	1991/11/27
公开（公告）号	US5225712A	公开（公告）日	1993/7/6
摘要	本文公开了一种风力涡轮机功率转换器，使来自变速风力涡轮机的输出功率平滑，以减少或消除输出线上的显著功率波动。电源转换器具有连接到将风能转换为电能的变速发电机的 AC/DC 转换器、连接到公用电网的 DC/AC 逆变器以及连接到电能存储设备的直流电压链路，如电池或燃料电池，或光伏或太阳能电池。此外，本文公开了一种用于控制流经线路侧逆变器处的有源开关的瞬时电流以向公用电网提供无功功率的装置和方法。逆变器可以输出作为功率因数角，或直接作为独立于有功功率的多个 VAR 控制无功功率。当风力涡轮机正在发电时，可以在运行模式下控制无功功率，或者在风力涡轮机不运行以产生有功功率时以静态无功模式控制无功功率。为了控制无功功率，使用电压波形作为参考，形成每个输出相的电流控制波形。每相的电流控制波形应用于电流调节器，该调节器调节控制逆变器每相电流的驱动电路。还公开了用于控制充电/放电比和调节直流电压链路上的电压的装置		

表 3 - 25 US10384318 申请的详细信息

专利名称	具有多个风轮和浮动系统的海上风力发电机		
申请号	US10384318	申请日	2003/3/7
公开（公告）号	US20030168864A1	公开（公告）日	2003/9/11
摘要	针对海上应用优化的风能转换系统。每个风力涡轮机都包括一个带有压载物重量的半潜式船体，该船体可移动以增加系统的稳定性。每个风力涡轮机具有分布在塔架上的一系列转子，以分配重量和负载并在风切变较大的地方提高发电性能。与每个转子相关的尽可能多的设备位于塔架的底部，以降低偏心高度。可以放置在塔架底部的设备可能包括电力电子转换器、DC/AC 转换器，或者是带有机械联动装置的整个发电机，这些机械联动装置将功率从每个转子传输到塔架的底部。不是将电能传输回岸上，而是考虑在风力涡轮机的基座处产生能量密集的氢基产品。替代地，可以存在中央工厂船，其利用由多个风力涡轮机产生的动力来产生氢基燃料。氢基燃料作为增值"绿色"产品被运输到陆地并出售到现有市场		

表 3 - 26 US14940379 申请的详细信息

专利名称	两栖垂直起降无人机		
申请号	US14940379	申请日	2015/11/13
公开（公告）号	US9493235B2	公开（公告）日	2016/11/15
摘要	一种两栖垂直起降（VTOL）无人设备，包括模块化和可扩展的防水体。一个外壳，至少一个机翼和一扇门连接到模块化且可扩展的防水体。两栖 VTOL 无人驾驶装置的推进系统包括多个电动机和螺旋桨以及螺旋桨保护系统。两栖 VTOL 无人驾驶装置还包括电池、用于电池的充电站、车载发电机、配电板、电力存储装置以及电连接至电力存储装置的电机。两栖 VTOL 无人驾驶设备还配备了着陆系统、机载空气压缩机、机载电解系统、冷却装置、视觉辅助灯和定向灯		

表 3 - 27　US10023899 申请的详细信息

专利名称	用于气象相关活动中的风险最小化和相互保险关系的系统、方法和计算机程序产品		
申请号	US10023899	申请日	2001/12/21
公开（公告）号	US7430534B2	公开（公告）日	2008/9/30
摘要	一种用于使与气象相关活动有关的风险最小化的系统、方法和计算机程序产品。此类活动可能包括使用可再生能源，以及从这些可再生能源输出功率以在市场上出售。该系统和方法在可能出现短缺的情况下识别市场参与者的风险，并提供度量标准和缓解过程，以在因未能交付电力或电网运营中发生失衡而产生合同违约之前解决风险		

表 3 - 28　CN201880002528.9 申请的详细信息

专利名称	工业物联网中具有大数据集的数据收集环境下的检测方法和系统		
申请号	CN201880002528.9	申请日	2018/8/2
公开（公告）号	CN110073301A	公开（公告）日	2019/7/30
摘要	本发明公开了一种用于在工业环境中进行数据收集的监测设备、系统和方法。该系统包括通信连接到多个输入通道和网络架构的数据收集器；其中该数据收集器基于已选择的数据收集例程进行数据收集；该系统还包括被结构化为存储多个收集器例程和已收集数据的数据存储器、被结构化为从已收集数据中解译多个检测值的数据收集电路、被结构化为分析该已收集数据并确定从该多个输入通道处收集的数据的聚合率；如果聚合率超出该网络架构的吞吐参数，该数据分析电路改变数据收集从而降低被收集数据的量		

表 3 - 29　US10865376 申请的详细信息

专利名称	用于检测转子叶片冰的方法和设备		
申请号	US10865376	申请日	2004/6/10
公开（公告）号	US7086834B2	公开（公告）日	2006/8/8
摘要	一种用于在具有转子和一个或多个转子叶片的风力涡轮机上检测冰的方法，每个转子叶片具有叶片根部。该方法包括监测与结冰条件有关的气象条件，以及监测运行中根据至少一个或多个转子叶片的质量或转子叶片之间的质量不平衡而变化的风力涡轮机的一个或多个物理特性。该方法还包括使用一个或多个监测到的物理特性来确定叶片质量是否存在异常，确定监测到的气象条件是否与叶片结冰一致；以及当确定叶片质量异常并确定监测到的气象条件与结冰一致时，发出与结冰有关的叶片质量异常的信号		

表 3 - 30 US06537750 申请的详细信息

专利名称	风力发电系统		
申请号	US06537750	申请日	1983/9/29
公开（公告）号	US4565929A	公开（公告）日	1986/1/21
摘要	固定桨距风力涡轮机转子（18）摇晃安装（76、78、80）到低速输入轴（44）上，该输入轴连接到升压变速器（46）的输入端（58）。升压变压器（46）的输出端（48）连接到旋转磁极调幅感应电机（42），该感应电机在多个离散转速下可作为发电机运行，也可作为转子的启动电机运行。响应于风力涡轮机转子的旋转速度的开关（45）将发电机从一种运行速度切换到另一种运行速度。转子毂（72）和从毂（72）沿相反方向径向向外延伸的两个叶片（68、70）的内部主体部分（71）由钢构成。叶片（68、70）的外端（73）由较轻的材料制成，例如木材，并且比转子的其余部分更薄更窄。每个叶片（68、70）的外端部段（73）包括主体部分和铰链连接到主体部分的后缘部分（104）。每个叶片（68、70）包括离心力操作的定位装置（98、100），其通常将阻力制动部分（104）保持在缩回位置，但响应于预定大小的离心力而操作以移动阻力制动部分（104）进入其展开位置。每个叶片具有翼形横截面，并且每个叶片（68、70）具有与毂（72）相邻的正扭转内部部分，随着该正扭转内部从毂（72）径向向外延伸，首先变为零扭转然后变为负扭转		

表 3 - 31 US07931200 申请的详细信息

专利名称	变速风力发电机的速度控制系统		
申请号	US07931200	申请日	1992/8/17
公开（公告）号	US5289041A	公开（公告）日	1994/2/22
摘要	公开了一种用于操作变速涡轮机以跟踪风速波动，从而实现风能到电能的高效转换的控制器和方法。本发明的控制器根据由风观测器提供的风速来控制转子速度，近似地跟随变化的风速。偏航角误差传感器感测涡轮机与风向未对准的程度。风力观测器预测随后时间点的平均风速。平均风速应用于参数表以确定转子速度和扭矩的期望值，转子速度稳定器使用这些值来指令参考负载扭矩。根据指令的负载转矩控制发电机的负载转矩，使其近似于所需的转子速度。在运行期间，风速预测过程在每个后续时间间隔重复进行，并相应地控制负载扭矩，从而控制转子速度。风力观测器计算气动扭矩，然后计算净扭矩。风速被预测为当前（先前预测的）风速和校正项的函数，包括净转矩、偏航角误差以及预测和实际转子速度之间的差异。每当风力涡轮机转子转动时，无论是否在发电，风力观测器都很有用		

表 3 - 32 US08907513 申请的详细信息

专利名称	变速风力发电机		
申请号	US08907513	申请日	1997/8/8
公开（公告）号	US6137187A	公开（公告）日	2000/10/24
摘要	描述了一种用于风力涡轮机中的变速系统。该系统包括一个绕线转子感应发电机、一个转矩控制器和一个比例积分微分（PID）变桨控制器。转矩控制器使用磁场定向控制发电机转矩，PID 控制器根据发电机转子速度进行桨距调节		

第4章 风力发电机组结构件专利分析

4.1 塔　架

4.1.1　技术研究背景

塔架作为风力发电机组的主要承载部件，承受风力发电机组系统运行引起的各种载荷，其性能直接影响风力发电机组的使用寿命与安全等级。塔架不仅要有足够的强度，其固有频率应避免与风轮运行频率同频，发生共振。塔架制造成本占整机成本的15%～20%，因此在满足风力发电机组安全有效运行的前提下，对塔架结构进行优化，减轻重量，降低成本显得十分重要。[1] 塔架的研究主要集中在以下几个方面。

结构设计与优化：塔架的结构设计和优化是研究重点，其目的是提高塔架的强度、稳定性和抗风性能。为此，研究人员采用了各种结构设计和优化方法，如有限元分析、多目标优化等。

材料：塔架的材料直接影响其强度、重量和成本等。因此，塔架材料的研究也是非常重要的。目前，一些新材料，如高强度钢材、纳米复合材料等正在逐渐应用到塔架的制造中。

制造工艺：塔架的制造工艺对其精度、质量和成本有直接影响。因此，制造工艺的研究同样非常重要。目前，一些技术升级后的制造工艺，如焊接、铸造、冷弯成形、拼装等正在逐渐应用到塔架的制造中。

预制和组装技术：预制和组装技术是塔架制造和安装过程中的关键技术，其目的是提高制造效率、降低制造成本和提高安装质量。目前，研究人员正在研究各种新型预制和组装技术，如模块化预制、模块化组装等，以提高制造和安装效率。

---

[1] 时虹，夏志平，冯美龙，等. 大型风力机塔架结构优化设计 [J]. 机械强度，2021，43（4）：992 –996.

4.1.2　技术发展历程

初期阶段（20 世纪 80 年代初期）：采用普通的钢管杆或混凝土柱作为支撑结构，这种塔架结构简单、易制造、成本低，但强度不高，高度不足，容易受到风力的影响，因此不适用于大型风力发电机组。

提高塔架高度的阶段（20 世纪 80 年代中期）：随着风力发电机组的增大，塔架高度的提升成为迫切需要解决的问题。为此，研究人员开始使用强度更高、重量更轻的材料，如高强度钢、铝合金等，来制造塔架，并采用了锥形或扭曲形状的设计，以提高其稳定性和抗风能力。

模块化设计阶段（20 世纪 90 年代）：为了提高生产率和降低制造成本，研究人员开始采用模块化设计的方法来制造塔架。模块化设计的好处是可以将塔架分成若干个标准化的部件，然后在工厂内进行批量生产，最后再进行现场组装。

多功能塔架阶段（21 世纪初）：随着风力发电技术的不断发展，塔架不再仅仅是支撑风力发电机组的结构，还具有多种功能。例如，一些塔架可以用来安装气象设备、监测装置和通信设备等，以提高风力发电站的综合效益。

智能化塔架阶段（近年来）：随着物联网技术的快速发展，塔架开始智能化。一些新型塔架配备了传感器和监测设备，可以实现远程监控和维护，大大提高了风力发电站的运行效率和安全性。

4.1.3　全球市场规模

根据市场研究机构的数据，塔架是风力发电机组的重要组成部分，也是风力发电产业的一个重要细分市场。据预测，全球风力发电机组塔架市场规模将继续保持增长趋势，主要原因是风力发电产业在全球范围内得到广泛推广和应用。

具体而言，市场调研数据显示，2019 年全球风力发电机组塔架市场规模约 28 亿美元，预计到 2027 年将达到 52 亿美元，年复合增长率为 7.9%。其中，亚太地区是全球风力发电机组塔架市场的主要消费地区，占据了全球市场份额的近 50%。同时，欧洲和北美等地区的风力发电机组塔架市场也在不断增长，这主要受到政府对可再生能源的支持和鼓励，以及人们环保意识提高的影响。

4.1.4　专利申请趋势

图 4 - 1 展示的是塔架全球专利申请量在 2013—2022 年的发展趋势。通过申请趋势可以从宏观层面把握在这一阶段的塔架全球专利申请热度变化。由图可以看出，2013—2015 年，塔架全球专利申请量呈下降趋势，2013 年专利申请量为 4555 件，2015 年专利申请量为 3803 件；2015—2018 年，塔架全球专利申请量呈快速增长趋势，2018

年专利申请量为 5160 件；2018—2020 年，塔架全球专利申请量经历波动变化后略有增长，2019 年专利申请量降至 4831 件，2020 年专利申请量又增至 5181 件；2020—2022 年，塔架全球专利申请量呈快速下降趋势，2022 年专利申请量为 2326 件。

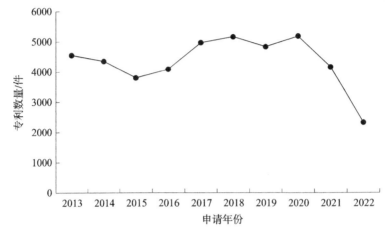

图 4 -1　塔架全球专利申请趋势

4.1.5　专利主要来源国家或地区

图 4 -2 展示了塔架全球专利在主要申请国家或地区的数量分布情况。通过该图可以了解在不同国家或地区塔架专利技术创新的活跃情况，从而发现主要的技术创新来源地区和重要的目标市场。由图可以看出，美国、中国、德国是塔架全球专利重点申请国家或地区，数量分别为 16351 件、14175 件、13117 件。紧跟其后的为欧洲专利局 8642 件，丹麦 6377 件。

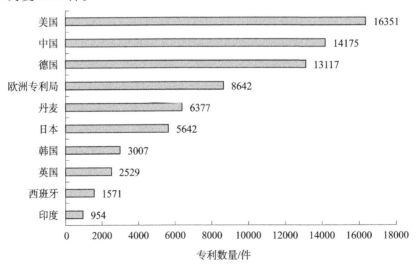

图 4 -2　塔架全球专利在主要申请国家或地区的数量分布

这一情况表明，美国、中国、德国等国家或地区是塔架全球专利布局的主要区域，企业可以跟踪、引进和消化该领域技术，在此基础上实现技术突破。

4.1.6　专利申请人分析

表 4-1 展示的是按照所属申请人（专利权人）的专利数量统计的塔架全球专利主要申请人排名情况。通过分析，可以发现通用电气公司、乌本产权有限公司等是塔架技术创新成果积累较多的专利申请人，其专利竞争实力较强。

表 4-1　塔架全球专利主要申请人排名

排名	申请人	专利数量/件
1	通用电气公司	5980
2	乌本产权有限公司	3953
3	VESTAS WIND SYSTEMS A/S	3951
4	西门子公司	3619
5	三菱重工业株式会社	1823
6	维斯塔斯风力系统有限公司	1702
7	艾劳埃斯·乌本	1065
8	森维安有限公司	762
9	LM 玻璃纤维制品有限公司	750
10	北京金风科创风电设备有限公司	708

4.1.7　专利技术构成分析

表 4-2 展示的是塔架全球专利主要技术构成及数量分布情况。通过分析，可以了解分析对象覆盖的技术类别及各技术分支的创新热度。对塔架全球专利按照国际专利分类号（IPC）进行统计的结果显示，F03D7 大组的专利数量最多，为 9320 件；其次是 F03D1 大组，专利数量为 8439 件；排在第三位的是 F03D11 大组，专利数量为 6293件；排在第四位的是 F03D9 大组，专利数量为 4972 件；排在第五位的是 F03D80 大组，专利数量为 4079 件。

表 4-2　塔架全球专利技术领域分布（大组）

排名	国际专利分类号（IPC）大组	专利数量/件
1	F03D7：风力发动机的控制（电能的供给或分配入 H02J，例如网络中调整、消除或补偿无功功率的装置入 H02J3/18；发电机的控制入 H02P，例如用于取得所需输出值的发电机的控制装置入 H02P9/00）［2006.01］	9320
2	F03D1：具有基本上与进入发动机的气流平行的旋转轴线的风力发动机（其控制入 F03D7/02）［2006.01］	8439

排名	国际专利分类号（IPC）大组	专利数量/件
3	F03D11：不包含在本小类其他组中或与本小类其他组无关的零件、部件或附件	6293
4	F03D9：特殊用途的风力发动机；风力发动机与受它驱动的装置的组合（与由风提供动力的车辆推进单元相结合的装置入 B60K16/00；以与风力发动机相结合为特征的泵入 F04B17/02）；安装于特定场所的风力发动机（产生电能的混合风力光伏能源系统入 H02S10/12）〔2016.01〕	4972
5	F03D80：不包含在组 F03D1/00 ~ F03D17/00 中的零件、组件或附件〔2016.01〕	4079
6	F03D13：风力发动机的装配、安装或试运行，适用于运输风力发动机部件的配置〔2016.01〕	3967
7	F03D3：具有基本上与进入发动机的气流垂直的旋转轴线的风力发动机（其控制入 F03D7/06）〔2006.01〕	2464
8	E04H12：塔；桅杆；柱；烟囱；水塔；架设这些结构的方法（冷却塔入 E04H5/12；油井钻塔入 E21B15/00）〔2006.01〕	2256
9	H02J3：交流干线或交流配电网络的电路装置〔2006.01〕	1595
10	E02D27：作为下部结构的基础〔2006.01〕	1575

4.1.8 主要申请人塔架专利分析

4.1.8.1 VESTAS WIND SYSTEMS A/S

1. 专利申请趋势

图 4-3 展示的是 VESTAS WIND SYSTEMS A/S 的塔架全球专利申请量在 2013—2022 年发展趋势。通过申请趋势可以从宏观层面把握分析对象在这一阶段的塔架专利申请热度变化。由图可以看出，2013—2014 年，VESTAS WIND SYSTEMS A/S 塔架全球专利申请量略有增加，2013 年专利申请量为 172 件，2014 年专利申请量为 176 件；2015 年，VESTAS WIND SYSTEMS A/S 的塔架全球专利申请量减少至 155 件；2015—2017 年，VESTAS WIND SYSTEMS A/S 塔架全球专利申请量呈增加趋势，2017 年专利申请量为 346 件；2018 年，VESTAS WIND SYSTEMS A/S 塔架全球专利申请量呈现下降趋势；2018—2020 年，VESTAS WIND SYSTEMS A/S 塔架全球专利申请量呈增加趋势，2020 年专利申请量为 393 件；2020—2022 年，VESTAS WIND SYSTEMS A/S 塔架全球专利申请量呈快速减少趋势。

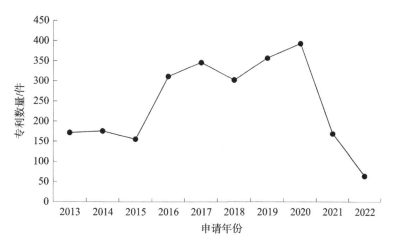

图 4-3　VESTAS WIND SYSTEMS A/S 塔架全球专利申请趋势

2. 专利法律状态

经过检索，获得 VESTAS WIND SYSTEMS A/S 塔架专利共 3951 件。图 4-4 展示的是这些专利处于有效、失效、审中等状态的占比情况。由图可知，有效专利 1615 件，占专利总数的 40.9%；PCT 指定期满专利 1247 件，占专利总数的 31.6%；审中专利 549 件，占专利总数的 13.9%；失效专利 442 件，占专利总数的 11.2%；PCT 指定期内专利 91 件，占专利总数的 2.3%；法律状态未知的专利 7 件，占总数的 0.2%。

3. 专利类型

图 4-5 展示的是 VESTAS WIND SYSTEMS A/S 的塔架专利类型分布，发明专利 3947 件，占总数的 99.9%；实用新型 4 件，占总数的 0.1%。

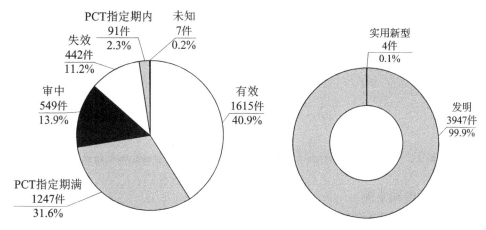

图 4-4　VESTAS WIND SYSTEMS A/S
塔架专利法律状态分布

图 4-5　VESTAS WIND SYSTEMS A/S
塔架专利类型分布

4. 专利技术来源国家或地区排名

图 4-6 所示为 VESTAS WIND SYSTEMS A/S 塔架专利技术来源国家或地区排名。

丹麦排在第一位，说明 VESTAS WIND SYSTEMS A/S 的塔架专利技术主要来源国是丹麦。

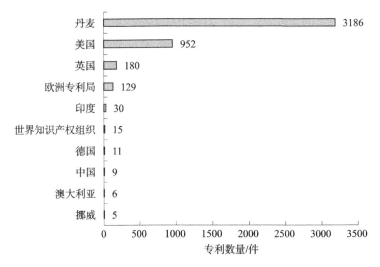

图 4 - 6　VESTAS WIND SYSTEMS A/S 塔架专利技术来源国家或地区排名

5. 专利目标市场排名

图 4 - 7 所示为 VESTAS WIND SYSTEMS A/S 塔架专利技术目标市场排名。不难看出，世界知识产权组织、欧洲专利局、美国、西班牙和加拿大是该技术的重点布局所在。

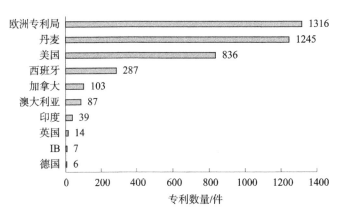

图 4 - 7　VESTAS WIND SYSTEMS A/S 塔架专利技术目标市场排名

6. 专利技术构成分析

表 4 - 3 展示的是 VESTAS WIND SYSTEMS A/S 塔架专利主要技术构成及数量分布情况。通过分析，可以了解分析对象覆盖的技术类别及各技术分支的创新热度。对这些专利按照国际专利分类号（IPC）进行统计的结果显示，F03D7 大组的专利数量最多，为 1001 件；其次是 F03D1 大组，专利数量为 632 件；排在第三位的是 F03D80 大组，专利数量为 376 件；排在第四位的是 F03D11 大组，专利数量为 264 件；排在第五

位的是 F03D13 大组，专利数量为 253 件。

表 4 - 3　VESTAS WIND SYSTEMS A/S 塔架专利技术领域分布（大组）

排名	国际专利分类号（IPC）大组	专利数量/件
1	F03D7：风力发动机的控制（电能的供给或分配入 H02J，例如网络中调整、消除或补偿无功功率的装置入 H02J3/18；发电机的控制入 H02P，例如用于取得所需输出值的发电机的控制装置入 H02P9/00）[2006.01]	1001
2	F03D1：具有基本上与进入发动机的气流平行的旋转轴线的风力发动机（其控制入 F03D7/02）[2006.01]	632
3	F03D80：不包含在组 F03D1/00～F03D17/00 中的零件、组件或附件 [2016.01]	376
4	F03D11：不包含在本小类其他组中或与本小类其他组无关的零件、部件或附件	264
5	F03D13：风力发动机的装配、安装或试运行，适用于运输风力发动机部件的配置 [2016.01]	253
6	H02J3：交流干线或交流配电网络的电路装置 [2006.01]	167
7	F03D9：特殊用途的风力发动机；风力发动机与受它驱动的装置的组合（与由风提供动力的车辆推进单元相结合的装置入 B60K16/00；以与风力发动机相结合为特征的泵入 F04B17/02）；安装于特定场所的风力发动机（产生电能的混合风力光伏能源系统入 H02S10/12）[2016.01]	137
8	F03D17：风力发动机的监控或测试，例如诊断（试车过程中的测试入 F03D13/30）[2016.01]	100
9	F03D15：机械动力的传送 [2016.01]	45
10	E04H12：塔；桅杆，柱；烟囱；水塔；架设这些结构的方法（冷却塔入 E04H5/12；油井钻塔入 E21B15/00）[2006.01]	43

4.1.8.2　三菱重工业株式会社

1. 专利申请趋势

图 4 - 8 展示的是三菱重工业株式会社塔架全球专利申请量在 2013—2022 年的发展趋势。通过申请趋势可以从宏观层面把握分析对象在这一阶段的塔架专利申请热度变化。由图可以看出，2013—2015 年，三菱重工业株式会社塔架全球专利申请量呈下降趋势，2013 年专利申请量为 103 件，2015 年专利申请量为 52 件；2015—2018 年，三菱重工业株式会社塔架全球专利申请量呈波动增长趋势，2018 年专利申请量为 59 件；2018—2022 年，三菱重工业株式会社塔架全球专利申请量整体上呈快速下降趋势，2019 年专利申请量为 22 件，2020 年又缓慢升至 29 件，2022 年降至 6 件。

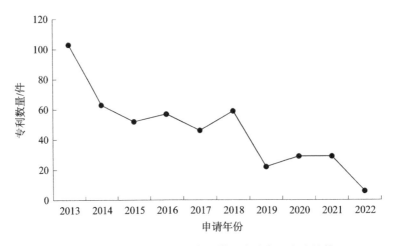

图 4-8　三菱重工业株式会社塔架全球专利申请趋势

2. 专利法律状态

经过检索，获得三菱重工业株式会社塔架专利共1826件。图4-9展示的是这些专利处于有效、失效、审中等状态的占比情况。由图可知，失效专利891件，占专利总数的48.8%；有效专利623件，占专利总数的34.1%；PCT指定期满专利198件，占专利总数的10.8%；审中专利100件，占比5.5%；PCT指定期内专利8件，占比0.4%；法律状态未知的专利6件，占比0.3%。

3. 专利类型

图4-10展示的是三菱重工业株式会社的塔架专利类型分布。其中，发明专利1823件，占总数的99.8%；实用新型专利1件，占总数的0.1%；外观设计2件，占总数的0.1%。

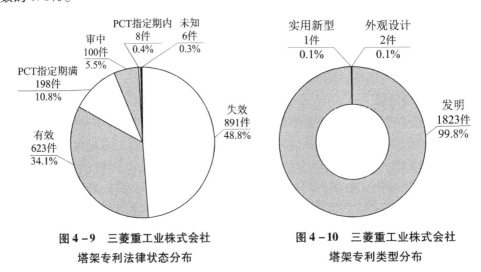

图 4-9　三菱重工业株式会社
塔架专利法律状态分布

图 4-10　三菱重工业株式会社
塔架专利类型分布

4. 专利技术来源国家或地区排名

图4-11所示为三菱重工业株式会社塔架专利技术来源国家或地区排名。日本排

在第一位，说明三菱重工业株式会社塔架专利技术主要来源国是日本。

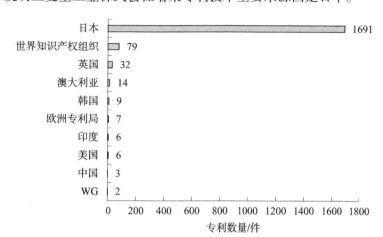

图 4-11　三菱重工业株式会社塔架专利技术来源国家或地区排名

5. 专利目标市场排名

图 4-12 所示为三菱重工业株式会社塔架专利技术目标市场排名。不难看出，日本、欧洲专利局、世界知识产权组织、澳大利亚、加拿大、韩国、美国、印度和中国是该技术的重点布局所在。

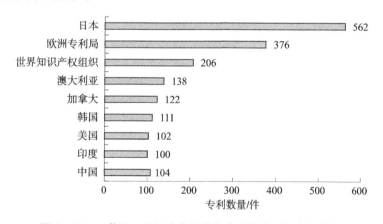

图 4-12　三菱重工业株式会社塔架专利技术目标市场排名

6. 专利技术构成分析

表 4-4 展示的是三菱重工业株式会社塔架专利主要技术构成及数量分布情况。通过分析，可以了解这些专利覆盖的技术类别及各技术分支的创新热度。对三菱重工业株式会社塔架专利按照国际专利分类号（IPC）进行统计的结果显示，F03D11 大组的专利数量最多，为 495 件；其次是 F03D7 大组，专利数量为 339 件；排在第三位的是 F03D1 大组，专利数量为 181 件；排在第四位的是 F03D9 大组，专利数量为 154 件；排在第五位的是 F03D80 大组，专利数量为 101 件。

表4-4 三菱重工业株式会社塔架专利技术领域分布（大组）

排名	国际专利分类号（IPC）大组	专利数量/件
1	F03D11：不包含在本小类其他组中或与本小类其他组无关的零件、部件或附件	495
2	F03D7：风力发动机的控制（电能的供给或分配入H02J，例如网络中调整、消除或补偿无功功率的装置入H02J3/18；发电机的控制入H02P，例如用于取得所需输出值的发电机的控制装置入H02P9/00）［2006.01］	339
3	F03D1：具有基本上与进入发动机的气流平行的旋转轴线的风力发动机（其控制入F03D7/02）［2006.01］	181
4	F03D9：特殊用途的风力发动机；风力发动机与受它驱动的装置的组合（与由风提供动力的车辆推进单元相结合的装置入B60K16/00；以与风力发动机相结合为特征的泵入F04B17/02）；安装于特定场所的风力发动机（产生电能的混合风力光伏能源系统入H02S10/12）［2016.01］	154
5	F03D80：不包含在组F03D1/00～F03D17/00中的零件、组件或附件［2016.01］	101
6	F04B1：以汽缸数量或排列为特征的多缸机械或泵（一个缸内有多个配合工作的活塞的机械或泵入F04B3/00）［2020.01］	56
7	H02P9：用于取得所需输出值的发电机的控制装置［2006.01］	48
8	F03D13：风力发动机的装配、安装或试运行，适用于运输风力发动机部件的配置［2016.01］	36
9	F03D17：风力发动机的监控或测试，例如诊断（试车过程中的测试入F03D13/30）［2016.01］	27
10	B63B35适合于专门用途的船舶或类似的浮动结构（以装载布置为特征的船舶入B63B25/00；布雷艇或扫雷艇、潜艇、航空母舰或以其攻击或防御装备为特征的其他舰艇入B63G）［2020.01］	19

4.1.8.3 通用电气公司

1. 专利申请趋势

图4-13展示的是通用电气公司塔架全球专利申请量在2013—2022年的发展趋势。通过申请趋势可以从宏观层面把握分析对象在这一阶段的塔架专利申请热度变化。由图可以看出，2013—2016年，通用电气公司塔架全球专利申请量有所减少，从2013年的342件降至2016年的240件；2016—2018年，通用电气公司塔架全球专利申请量呈现快速增长趋势，2018年专利申请量为598件；2018—2022年，通用电气公司塔架全球专利申请量呈现快速下降趋势。

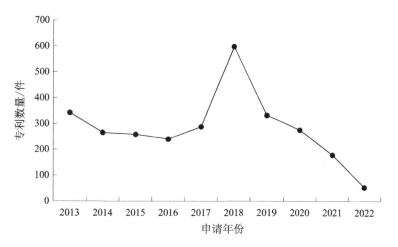

图 4－13　通用电气公司塔架全球专利申请趋势

2. 专利法律状态

经过检索，获得通用电气公司塔架专利 5980 件。图 4－14 展示的是这些专利处于有效、失效、审中等状态的占比情况。由图可知，有效专利 2553 件，占专利总数的42.7%；失效专利 1717 件，占专利总数的 28.7%；审中专利 953 件，占专利总数的15.9%；法律状态未知的专利 469 件，占专利总数的 7.8%；PCT 指定期满专利 281 件，占专利总数的 4.7%；PCT 指定期内专利 7 件，占专利总数的 0.1%。

3. 专利类型

图 4－15 展示的是通用电气公司塔架专利类型分布。其中，发明专利 5958 件，占总数的 99.6%；实用新型 22 件，占总数的 0.4%。

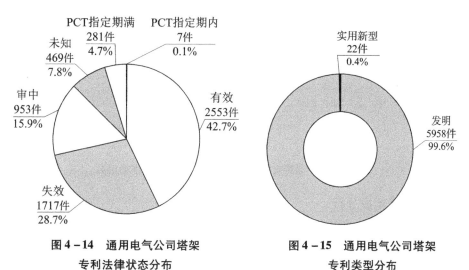

图 4－14　通用电气公司塔架
专利法律状态分布

图 4－15　通用电气公司塔架
专利类型分布

4. 专利技术来源国家或地区排名

图 4－16 所示为通用电气公司塔架专利技术来源国家或地区排名。美国排在第一

位，说明通用电气公司塔架专利技术主要来源国是美国。

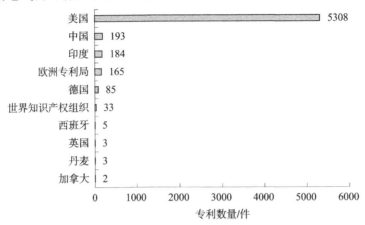

图4-16　通用电气公司塔架专利技术来源国家或地区排名

5. 专利目标市场排名

图4-17所示为通用电气公司塔架专利技术目标市场排名。不难看出，美国、欧洲专利局、中国、印度、西班牙、丹麦、世界知识产权组织、加拿大、德国是该技术的重点布局所在。

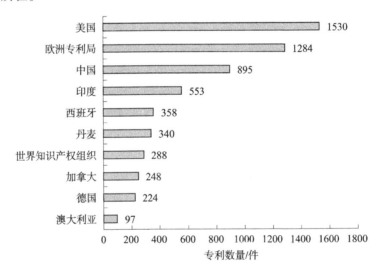

图4-17　通用电气公司塔架专利技术目标市场排名

6. 专利技术构成分析

表4-5展示的是通用电气公司塔架专利主要技术构成及数量分布情况。通过分析，可以了解分析对象覆盖的技术类别及各技术分支的创新热度。对这些专利按照国际专利分类号（IPC）进行统计的结果显示，F03D1大组的专利数量最多，为1163件；其次是F03D7大组，专利数量为1140件；排在第三位的是F03D11大组，专利数量为548件；排在第四位的是F03D80大组，专利数量为254件；排在第五位的是H02J3大

组，专利数量为 230 件。

表 4 - 5　通用电气公司塔架专利技术领域分布（大组）

排名	国际专利分类号（IPC）大组	专利数量/件
1	F03D1：具有基本上与进入发动机的气流平行的旋转轴线的风力发动机（其控制入 F03D7/02）［2006.01］	1163
2	F03D7：风力发动机的控制（电能的供给或分配入 H02J，例如网络中调整、消除或补偿无功功率的装置入 H02J3/18；发电机的控制入 H02P，例如用于取得所需输出值的发电机的控制装置入 H02P9/00）［2006.01］	1140
3	F03D11：不包含在本小类其他组中或与本小类其他组无关的零件、部件或附件	548
4	F03D80：不包含在组 F03D1/00 ～ F03D17/00 中的零件、组件或附件 ［2016.01］	254
5	H02J3：交流干线或交流配电网络的电路装置 ［2006.01］	230
6	F03D9：特殊用途的风力发动机；风力发动机与受它驱动的装置的组合（与由风提供动力的车辆推进单元相结合的装置入 B60K16/00；以与风力发动机相结合为特征的泵入 F04B17/02）；安装于特定场所的风力发动机（产生电能的混合风力光伏能源系统入 H02S10/12）［2016.01］	204
7	H02P9：用于取得所需输出值的发电机的控制装置 ［2006.01］	168
8	F03D13：风力发动机的装配、安装或试运行，适用于运输风力发动机部件的配置 ［2016.01］	157
9	F03D17：风力发动机的监控或测试，例如诊断（试车过程中的测试入 F03D13/30）［2016.01］	128
10	B29C70：成型复合材料，即含有增强材料、填料或预成型件（例如嵌件）的塑性材料 ［2006.01］	121

4.1.9　高被引专利

表 4 - 6 列出了 10 个塔架高被引专利，并按施引专利申请数量进行排名。表 4 - 7 ～表 4 - 16 给出了其主要信息。

表 4 - 6　塔架高被引专利

排名	申请号	专利名称	引文数量/篇	施引专利申请数量/个
1	US12270793	计算基础架构	79	758
2	US13164926	风力涡轮机和用于风力涡轮机的轴	11	745
3	TR2015/000224	风轮机中的旋转连接机构承载电缆	6	626
4	US16466978	物联网	82	452
5	US05567322	高度自动化的农业生产系统	19	431
6	US07145506	线装、移动式电力线监控系统	9	425
7	US06779227	流体动力发电机	22	418
8	US08725187	双馈机性能优化控制器及控制方法	19	417
9	US10384318	具有多个风轮和浮动系统的海上风力发电机	33	394
10	US11837407	分布式电力资源聚集系统	46	392

表 4-7 US12270793 申请的详细信息

专利名称	计算基础架构		
申请号	US12270793	申请日	2008/11/13
公开（公告）号	US8706914B2	公开（公告）日	2014/4/22
摘要	一种负担得起的、高度可信赖的、可生存的和可用的、操作高效的分布式超级计算基础架构，用于处理、共享和保护结构化和非结构化信息。SHADOWS 基础设施的主要目标是为极高性能的计算（即超级计算）建立一个高度可生存的、基本无须维护的共享平台，并在总吞吐量和性能方面定义"高性能"。非常低的延迟（尽管并非每个问题或客户都要求非常低的延迟）——在最简单的情况下实现前所未有的可承受性水平的同时，其思想是使用自我修复网络中的分布式节点"团队"作为管理的基础并协调要完成的工作和进行工作所需的资源。SHADOWS 的"团队"概念负责以"有机"方式"自我修复"和"适应"其分布式资源的能力。此外，"团队"本身是 SHADOWS 基础结构中决策、处理和存储的核心。所有重要的计算都在"团队"的主持和管理下进行		

表 4-8 US13164926 申请的详细信息

专利名称	风力涡轮机和用于风力涡轮机的轴		
申请号	US13164926	申请日	2011/6/21
公开（公告）号	US8664792B2	公开（公告）日	2014/3/4
摘要	风力涡轮机的驱动轴被成形为允许轴的增加弯曲，同时适于在风力涡轮机系统中传递扭矩。这种成形的例子是驱动轴，该驱动轴具有在轴的表面上限定的螺旋肋。还描述了包括这种轴的风力涡轮机，以及制造这种轴的方法		

表 4-9 TR2015/000224 申请的详细信息

专利名称	风轮机中的旋转连接机构承载电缆		
申请号	TR2015/000224	申请日	2015/6/2
公开（公告）号	WO2015187107A1	公开（公告）日	2015/12/10
摘要	本发明涉及一种旋转连接机构（10），其吸收了在风力涡轮机中产生的能量，传输电缆（13）被连接到该旋转连接机构。其中包括与电缆（13）连接的旋转机构（20），与旋转机构连接并传输从旋转机构（20）吸收的电能的输电系统（30）和组件主体（11），旋转机构（20）固定在涡轮上		

表 4 – 10　US16466978 申请的详细信息

专利名称	物联网		
申请号	US16466978	申请日	2017/12/28
公开（公告）号	US20190349426A1	公开（公告）日	2019/11/14
摘要	可以将 Internet 配置为提供与大量物联网（IoT）设备的通信。设备的设计可以满足从中央服务器到网关，再到边缘设备的网络层需求，使其不受阻碍地增长，发现并创建可访问的连接资源，并支持隐藏和分隔连接资源的能力。网络协议可以是支持人类可访问服务的结构的一部分，该服务无论位置、时间或空间如何都可以运行。创新点可以包括服务交付和相关的基础架构，例如硬件和软件。可以根据指定的服务质量（QoS）条款提供服务。物联网设备和网络的使用可以包含在包括有线和无线技术在内的异构连接网络中		

表 4 – 11　US05567322 申请的详细信息

专利名称	高度自动化的农业生产系统		
申请号	US05567322	申请日	1975/4/11
公开（公告）号	US4015366A	公开（公告）日	1977/4/5
摘要	本发明提供了一种高度自动化的农业生产系统，其包括作为基本组件：1. 一种传感子系统，包括农业生产区中的直接和间接传感装置。直接传感装置通常安装在地面或植物上。间接传感装置远离被感测的区域。直接和间接传感装置适用于联合生成均质农业生产区域内所有重要参数的数据。2. 数据传输子系统，用于将直接和间接传感装置产生的数据转发给计算装置，并将来自计算装置的指令通过接口装置（控制器）传输到农业生产区的各种设备（田间效应器）以执行各种功能。3. 一种计算子系统，通过所述数据传输子系统以许多反馈回路的模式连接到所述间接和直接传感装置。计算装置被编程为能够关联从间接和直接传感装置接收的数据并生成适当的指令以完成本发明的自动化农业生产系统的操作所需的大量功能，如稍后将在下文中描述的细节，包括但不限于以下子系统的控制。4. 一个流体输送子系统，它提供：将水、液态或气态化学品、空气等输送到农业生产区各个部分的工具；和用于向利用移动液体和/或气体的动力的各种外围设备提供动力的装置，例如水动力（液压马达）平台。5. 一种田间作业子系统，在一个高度优选的实施例中，其包括收获农产品、运送农产品、分级农产品、储存农产品和包装农产品的装置。除了主要涉及以适合销售的形式展示农产品的上述手段之外，还提供了用于植物护理的手段，例如修剪、间伐等。在本发明的最优选实施例中，完成水果收获、水果输送、水果分级和水果储存功能的现场操作子系统，利用从本发明的流体输送子系统接收的流体来完成上述功能。还有一个非常优选的实施例，在本发明的农业系统中利用这种流体动力装置来进行树木护理，例如修剪树木、疏伐树木等。如果需要，可以使用由流体（通常是水）驱动的车辆完成现场操作，该车辆动力源自本发明的流体输送子系统，通过水 – 机械变矩器（通常称为液压马达平台）		

表 4 - 12 US07145506 申请的详细信息

专利名称	线装、移动式电力线监控系统		
申请号	US07145506	申请日	1988/1/19
公开（公告）号	US4904996A	公开（公告）日	1990/2/27
摘要	一种移动系统，用于监视与通电的电力导体相关联或附近的电气、物理和/或环境参数及条件，该电力导体支撑在沿电力走廊延伸的一系列塔上。在第一实施例中，该系统包括围绕导体并在其间携带有效载荷模块的前后推进模块。推进模块包括直接从动力导体获取动力的线性感应或旋转直流电动机。有效负载模块装有视频和红外摄像机等设备，以及用于闪电、环境温度、声学和电晕检测的设备，以及用于将适当信号中继到远程地面站的发射器。在另一个实施例中，有效负载模块安装在电源线的避雷线上，并连接到螺旋桨驱动的氢飞船上，以沿电线移动。在两个实施例中，管线安装设备包括适当的设备，该设备允许其移动经过管线上的障碍物		

表 4 - 13 US06779227 申请的详细信息

专利名称	流体动力发电机		
申请号	US06779227	申请日	1985/9/23
公开（公告）号	US4720640A	公开（公告）日	1988/1/19
摘要	一种流体动力发电机，其具有可旋转地安装在中央支撑结构上的叶轮转子。环形外部支撑结构围绕叶轮转子，其中叶轮转子包括多个周向间隔开的流体动力叶片。叶片的外端通过相对于外部支撑结构同轴的转子环连接在一起。中央支撑结构通过支柱等支撑在外部支撑结构内，从而允许流体流在其间流过流体动力叶片。当叶轮转子由流体流驱动时，具有固定至转子环的转子元件和固定至外部支撑结构的定子元件的外围发电机产生电能		

表 4 - 14 US08725187 申请的详细信息

专利名称	双馈机性能优化控制器及控制方法		
申请号	US08725187	申请日	1996/10/2
公开（公告）号	US5798631A	公开（公告）日	1998/8/25
摘要	变速恒频（VSCF）系统利用双馈电机（DFM）来最大化系统的输出功率。该系统包括向 DFM 提供频率信号和电流信号的功率转换器。功率转换器由自适应控制器控制。控制器向转换器发送信号以改变其频率信号，从而改变 DFM 的转子速度，直到检测到最大功率输出。控制器还向转换器发送信号以改变其电流信号，并由此改变由相应绕组承载的功率部分，直到感测到最大功率输出。可以增强控制以不仅最大化功率和效率，而且提供谐波和无功功率补偿		

表 4 – 15　US10384318 申请的详细信息

专利名称	具有多个风轮和浮动系统的海上风力发电机		
申请号	US10384318	申请日	2003/3/7
公开（公告）号	US7075189B2	公开（公告）日	2006/7/11
摘要	针对海上应用优化的风能转换系统。每个风力涡轮机都包括一个带有压载物重量的半潜式船体，该船体可移动以增加系统的稳定性。每个风力涡轮机具有分布在塔架上的一系列转子，以分配重量和负载并在风切变较大的地方提高发电性能。与每个转子相关的尽可能多的设备位于塔架的底部，以降低偏心高度。可以放置在塔架底部的设备可能包括电力电子转换器、DC/AC 转换器，或者是带有机械联动装置的整个发电机，这些机械联动装置将功率从每个转子传输到塔架的底部。不是将电能传输回岸上，而是考虑在风力涡轮机的底部产生能量密集的氢基产品。替代地，可以存在中央工厂船，其利用由多个风力涡轮机产生的动力来产生氢基燃料。氢基燃料作为增值"绿色"产品被运输到陆地并出售到现有市场		

表 4 – 16　US11837407 申请的详细信息

专利名称	分布式电力资源聚集系统		
申请号	US11837407	申请日	2007/8/10
公开（公告）号	US20080052145	公开（公告）日	2008/2/28
申请（专利权）人	FERNANDES ROOSEVELT A		
摘要	描述了用于功率聚集的系统和方法。在一种实施方式中，服务建立与间歇地连接到电网的大量电力资源（例如，电动汽车）的单独 Internet 连接。可以通过将资源连接到电网的同一根导线进行 Internet 连接。该服务优化功率流以适合每个资源和每个资源所有者的需求，同时汇总跨多个资源的流以适合电网的需求。该服务可以使大量的电动汽车电池联机，作为电网的动态聚集新资源。电动汽车车主无论在哪里插电，都可以参与电力交易经济		

4.2　叶　片

4.2.1　技术研究背景

　　叶片是风力发电机的核心部件之一，其主要作用是将风能转化为机械能。在叶片的技术研究中，主要涉及材料、结构和设计方面的创新与改进。

　　材料技术的进步：以叶片新型材料及其应用的发展过程为例，每一种新材料的出现都对应于材料应用的革命，例如复合材料。立足于此，可以说新材料的发展是社会发展极为必要的一项工程，[1] 对我国现阶段的新材料产业发展状况与发展内涵的研究有着鲜明的现实意义。叶片材料的选择对风力发电机的性能和成本具有重要影响。在叶片技术的早期阶段，主要采用木材、玻璃钢等制造叶片。随着科学技术的发展，先进

---

[1]　陈汉君，董莎，钱龙. 我国新材料产业发展研究 [J]. 科技展望，2017（9）：289.

的材料应用于叶片制造,例如碳纤维复合材料和玻璃纤维增强聚酯树脂等。

结构设计的改进:叶片的结构设计也在不断地改进和创新。早期的叶片通常采用直接延伸或截锥形的形式,但是这种结构并不是最优的。后来,采用了锥形、三角形和扭曲等多种形状的叶片,使得叶片的风能捕捉面积更大,进而提高了风能的转化效率。

模拟仿真技术的应用:利用计算机模拟仿真技术,可以更好地理解叶片的运动和受力情况,从而更好地设计和优化叶片的结构。这种技术的应用有助于提高叶片的强度和稳定性,进而提高风力发电机的性能。

4.2.2　技术发展历程

早期阶段:早期的风力发电机叶片通常采用木材、玻璃钢等材料。叶片的形状通常是直接延伸或截锥形的,设计也比较简单。

碳纤维复合材料时代:20 世纪 80 年代开始,碳纤维复合材料成为叶片材料的主流。这种材料具有较高的强度和刚度,能够承受更大的压力,可提高叶片的性能和寿命。叶片的设计也更加复杂和精细,采用扭曲、锥形、三角形等多种形状,提高了叶片的风能捕捉面积和转化效率。

长叶片时代:随着风力发电技术的不断发展,越来越多的风力发电机采用大型叶片,以提高风能的捕捉面积和转化效率。长叶片技术的发展,使得风力发电机的输出功率得到了大幅提高。

模拟仿真技术时代:随着计算机技术的不断发展和成熟,风力发电机的叶片设计也越来越依赖于计算机模拟仿真技术。采用计算机模拟仿真技术,可以更好地理解叶片的运动和受力情况,从而更好地设计和优化叶片的结构,提高风力发电机的性能。

4.2.3　全球市场规模

根据市场研究报告,全球风力涡轮机叶片市场规模在不断增长。预计在未来几年,随着全球风力发电装机容量的持续增长和现有风力涡轮机叶片的老化,叶片市场将会继续增长。

根据一份发布于 2020 年的报告,2019 年全球风力涡轮机叶片市场规模约为 34.3 亿美元,预计到 2027 年,市场规模将达到 56.4 亿美元,年复合增长率为 6.2%。

这一市场规模的增长主要受到以下几个因素的推动:①全球清洁能源的发展和推广,促进了风力发电领域的增长,从而带动了叶片市场的需求;②风力涡轮机叶片老化,要求进行更换和更新,从而刺激了叶片市场的增长;③叶片技术的不断创新和发展,带动了高性能叶片的需求,从而促进了市场规模的增长。

4.2.4　专利申请趋势

图 4-18 展示的是 2013—2022 年叶片全球专利申请量的发展趋势。通过申请趋势可

以从宏观层面把握在这一阶段的叶片全球专利申请热度变化。由图可以看出，2013—2015年，叶片全球专利申请量呈缓慢下降趋势，2013 年专利申请量为 11418 件，2015 年专利申请量为 11116 件；2015—2020 年，叶片全球专利申请量有所增加，2020 年全球专利申请量为 16761 件；2020—2022 年，叶片全球专利申请量呈现下降趋势，2022 年专利申请量为 8972 件。

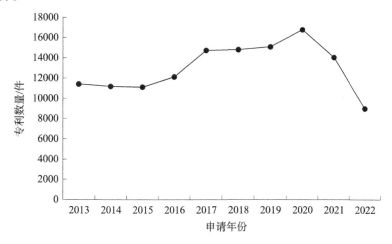

图 4 - 18　叶片全球专利申请趋势

4.2.5　专利主要来源国家或地区

图 4 - 19 展示了叶片全球专利主要申请国家或地区的数量分布情况。通过该图可以了解在不同国家或地区叶片专利技术创新的活跃情况，从而发现主要的技术创新来源地区。由图可以看，中国、美国、日本是叶片全球专利重点申请国家或地区，数量分别为 73433 件、33849 件、33825 件。紧跟其后的为德国 22076 件，欧洲专利局 14686 件。

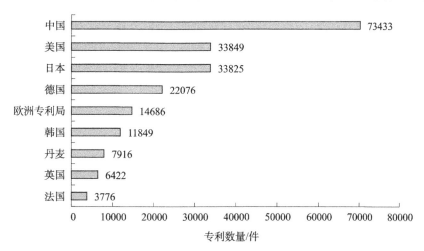

图 4 - 19　叶片全球专利在主要申请国家或地区的数量分布

这一情况表明，中国、美国、日本等国家或地区是叶片全球专利布局的主要区域，企业可以跟踪、引进和消化该领域技术，在此基础上实现技术突破。

4.2.6 专利申请人分析

表 4-17 展示的是按照所属申请人（专利权人）的专利数量统计的叶片全球专利主要申请人排名情况。通过分析，可以发现通用电气公司等是叶片技术创新成果积累较多的专利申请人，其专利竞争实力较强。

表 4-17 叶片全球专利主要申请人排名

排名	申请人	专利数量/件
1	通用电气公司	8141
2	西门子公司	5518
3	VESTAS WIND SYSTEMS A/S	4684
4	乌本产权有限公司	4416
5	三菱重工业株式会社	2737
6	INDIVIDUAL CO., LTD.	2682
7	DAIICHI SHOKAI CO., LTD.	2439
8	维斯塔斯风力系统有限公司	2187
9	SANYO PRODUCT CO., LTD.	1847
10	艾劳埃斯·乌本	1454

4.2.7 专利技术构成分析

表 4-18 展示的是叶片全球专利主要技术构成及数量分布情况。通过分析，可以了解分析对象覆盖的技术类别及各技术分支的创新热度。对这些专利按照国际专利分类号（IPC）进行统计的结果显示，F03D1 大组的专利数量最多，为 17288 件；其次是 F03D7 大组，专利数量为 16117 件；排在第三位的是 F03D9 大组，专利数量为 12906 件；排在第四位的是 F03D3 大组，专利数量为 12470 件；排在第五位的是 F03D11 大组，专利数量为 9520 件。

表 4-18 叶片全球专利技术领域分布（大组）

排名	国际专利分类号（IPC）大组	专利数量/件
1	F03D1：具有基本上与进入发动机的气流平行的旋转轴线的风力发动机（其控制入 F03D7/02）[2006.01]	17288
2	F03D7：风力发动机的控制（电能的供给或分配入 H02J，例如网络中调整、消除或补偿无功功率的装置入 H02J3/18；发电机的控制入 H02P，例如用于取得所需输出值的发电机的控制装置入 H02P9/00）[2006.01]	16117

排名	国际专利分类号（IPC）大组	专利数量/件
3	F03D9：特殊用途的风力发动机；风力发动机与受它驱动的装置的组合（与由风提供动力的车辆推进单元相结合的装置入 B60K16/00；以与风力发动机相结合为特征的泵入 F04B17/02）；安装于特定场所的风力发动机（产生电能的混合风力光伏能源系统入 H02S10/12）［2016.01］	12906
4	F03D3：具有基本上与进入发动机的气流垂直的旋转轴线的风力发动机（其控制入 F03D7/06）［2006.01］	12470
5	F03D11：不包含在本小类其他组中或与本小类其他组无关的零件、部件或附件	9520
6	A63F7：玩小型运动物体，如球、圆盘、方块的室内游戏（棋盘游戏，抽彩游戏入 A63F3/00；轮盘赌入 A63F5/00；使用具有二维或多维与游戏有关显示图像的电子显示器的游戏方面入 A63F13/00；微型滚木球游戏入 A63D3/00；弹球或类似游戏入 A63D13/00；台球、落袋台球游戏入 A63D15/00）［2006.01］	7146
7	F03D80：不包含在组 F03D1/00 ～ F03D17/00 中的零件、组件或附件［2016.01］	6644
8	F03D13：风力发动机的装配、安装或试运行，适用于运输风力发动机部件的配置［2016.01］	4095
9	F03B13：风力发动机的装配、安装或试运行，适用于运输风力发动机部件的配置［2016.01］	3202
10	H02J3：交流干线或交流配电网络的电路装置［2006.01］	3087

4.2.8 主要申请人叶片专利分析

4.2.8.1 VESTAS WIND SYSTEMS A/S

1. 专利申请趋势

图 4 - 20 展示的是 VESTAS WIND SYSTEMS A/S 叶片全球专利申请量在 2013—2022 年的发展趋势。通过申请趋势可以从宏观层面把握分析对象在这一阶段的叶片专利申请热度变化。由图可以看出，2013—2014 年，VESTAS WIND SYSTEMS A/S 叶片全球专利申请量呈增加趋势，2013 年专利申请量为 203 件，2014 年专利申请量为 235 件；2015 年，VESTAS WIND SYSTEMS A/S 叶片全球专利申请量有所减少，2015 年专利申请量为 217 件；2015—2017 年，VESTAS WIND SYSTEMS A/S 叶片全球专利呈现增长趋势，2017 年专利申请量为 399 件；2018 年，VESTAS WIND SYSTEMS A/S 叶片全球专利申请量有所减少；2018—2020 年，VESTAS WIND SYSTEMS A/S 叶片全球专利申请量呈现增长趋势，2020 年专利申请量为 409 件；2021 年和 2022 年，VESTAS WIND SYSTEMS A/S 叶片全球专利申请量快速减少，2022 年专利申请量为 66 件。

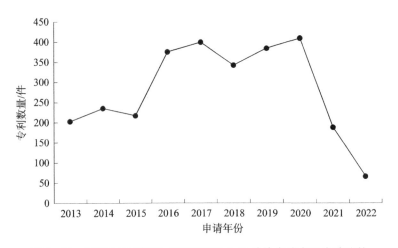

图 4 - 20　VESTAS WIND SYSTEMS A/S 叶片全球专利申请趋势

2. 专利法律状态

经过检索，获得 VESTAS WIND SYSTEMS A/S 叶片专利共 4684 件。图 4 - 21 展示的是这些专利处于有效、失效、审中等状态的占比情况。由图可知，有效专利 1939 件，占专利总数的 41.4%；PCT 指定期满专利 1494 件，占专利总数的 31.9%；审中专利 591 件，占专利总数的 12.6%；失效专利 553 件，占专利总数的 11.8%；PCT 指定期内专利 98 件，占专利总数的 2.1%；法律状态未知的专利 9 件，占专利总数的 0.2%。

3. 专利类型

图 4 - 22 展示的是 VESTAS WIND SYSTEMS A/S 的叶片专利类型分布。其中，发明专利 4676 件，占总数的 99.8%；实用新型 6 件，占总数的 0.1%；外观设计 2 件，占总数的 0.1%。

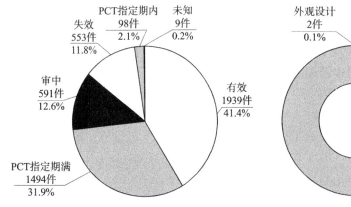

图 4 - 21　VESTAS WIND SYSTEMS A/S
叶片专利法律状态分布

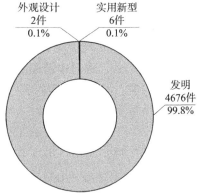

图 4 - 22　VESTAS WIND SYSTEMS
A/S 叶片专利类型分布

4. 专利技术来源国家或地区排名

图 4 - 23 所示为 VESTAS WIND SYSTEMS A/S 叶片专利技术来源国家或地区排名。丹麦排在第一位，说明 VESTAS WIND SYSTEMS A/S 叶片专利技术主要来源国是丹麦。

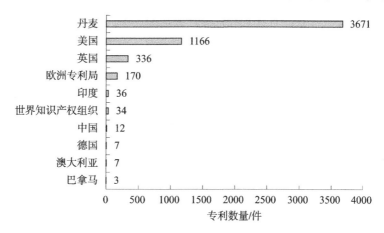

图 4 - 23　VESTAS WIND SYSTEMS A/S 叶片专利技术来源国家或地区排名

5. 专利目标市场排名

图 4 - 24 所示为 VESTAS WIND SYSTEMS A/S 叶片专利技术目标市场排名。不难看出，世界知识产权组织、欧洲专利局、美国、西班牙、加拿大和澳大利亚是该技术的重点布局所在。

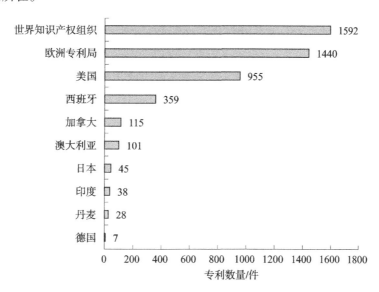

图 4 - 24　VESTAS WIND SYSTEMS A/S 叶片专利技术目标市场排名

6. 专利技术构成分析

表 4 - 19 展示的是 VESTAS WIND SYSTEMS A/S 的叶片专利主要技术构成及数量分布情况。通过分析，可以了解分析对象覆盖的技术类别及各技术分支的创新热度。

对这些专利按照国际专利分类号（IPC）进行统计的结果显示，F03D7 大组的专利数量最多，为 1126 件；其次是 F03D1 大组，专利数量为 789 件；排在第三位的是 F03D80 大组，专利数量为 389 件；排在第四位的是 F03D11 大组，专利数量为 274 件；排在第五位的是 F03D13 大组，专利数量为 271 件。

表 4-19　VESTAS WIND SYSTEMS A/S 叶片专利技术领域分布（大组）

排名	国际专利分类号（IPC）大组	专利数量/件
1	F03D7：风力发动机的控制（电能的供给或分配入 H02J，例如网络中调整、消除或补偿无功功率的装置入 H02J3/18；发电机的控制入 H02P，例如用于取得所需输出值的发电机的控制装置入 H02P9/00）[2006.01]	1126
2	F03D1：具有基本上与进入发动机的气流平行的旋转轴线的风力发动机（其控制入 F03D7/02）[2006.01]	789
3	F03D80：不包含在组 F03D1/00～F03D17/00 中的零件、组件或附件 [2016.01]	389
4	F03D11：不包含在本小类其他组中或与本小类其他组无关的零件、部件或附件	274
5	F03D13：风力发动机的装配、安装或试运行，适用于运输风力发动机部件的配置 [2016.01]	271
6	H02J3：交流干线或交流配电网络的电路装置 [2006.01]	199
7	F03D9：特殊用途的风力发动机；风力发动机与受它驱动的装置的组合（与由风提供动力的车辆推进单元相结合的装置入 B60K16/00；以与风力发动机相结合为特征的泵入 F04B17/02）；安装于特定场所的风力发动机（产生电能的混合风力光伏能源系统入 H02S10/12）[2016.01]	142
8	B29C70：成型复合材料，即含有增强材料、填料或预成型件（例如嵌件）的塑性材料 [2006.01]	135
9	F03D17：风力发动机的监控或测试，例如诊断（试车过程中的测试入 F03D13/30）[2016.01]	114
10	H02P9：用于取得所需输出值的发电机的控制装置 [2006.01]	66

4.2.8.2　三菱重工业株式会社

1. 专利申请趋势

图 4-25 展示的是三菱重工业株式会社叶片全球专利申请量在 2013—2022 年的发展趋势。通过申请趋势可以从宏观层面把握分析对象在这一阶段的叶片全球专利申请热度变化。2013—2022 年，三菱重工业株式会社叶片全球专利申请量整体上呈下降趋势，2013 年专利申请量为 145 件，2017 年专利申请量为 52 件，2018 年专利申请量增至 68 件，2019 年专利申请量降至 33 件，2020 年与 2019 年持平，2021 年专利申请量升至 37 件，2022 年专利申请量又降至 7 件。

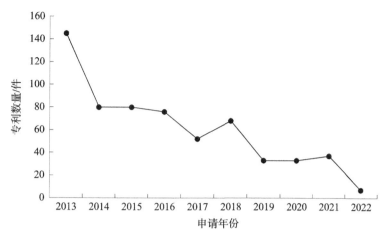

图 4-25　三菱重工业株式会社叶片全球专利申请趋势

2. 专利法律状态

经过检索，获得三菱重工业株式会社的叶片全球专利共 2737 件。图 4-26 展示的是这些专利处于有效、失效、审中等状态的占比情况。由图可知，失效专利 1378 件，占专利总数的 50.3%；有效专利 866 件，占专利总数的 31.6%；PCT 指定期满专利 329件，占专利总数的 12.0%；审中专利 128 件，占比 4.7%；法律状态未知的专利 27 件，占比 1.0%；PCT 指定期内专利 9 件，占比 0.3%。

3. 专利类型

图 4-27 展示的是三菱重工业株式会社的叶片专利类型分布。其中，发明专利 2725 件，占总数的 99.7%；实用新型专利 8 件，占总数的 0.2%；外观设计 4 件，占总数的 0.1%。

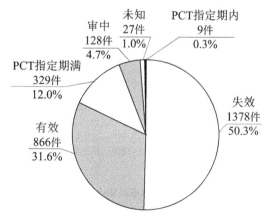

图 4-26　三菱重工业株式会社叶片专利法律状态分布

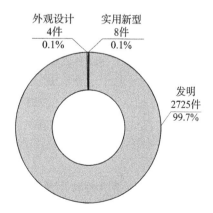

图 4-27　三菱重工业株式会社叶片专利类型分布

4. 专利技术来源国家或地区排名

图4－28所示为三菱重工业株式会社的叶片专利技术来源国家或地区排名。日本排在第一位，说明三菱重工业株式会社的叶片专利技术主要来源国是日本。

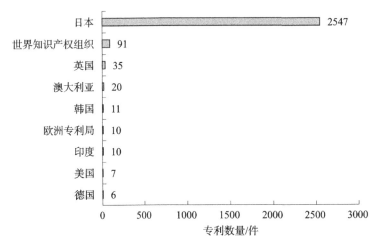

图4－28　三菱重工业株式会社叶片专利技术来源国家或地区排名

5. 专利目标市场排名

图4－29所示为三菱重工业株式会社叶片专利技术目标市场排名。不难看出，日本、欧洲专利局、世界知识产权组织、中国、韩国、澳大利亚、加拿大、美国和印度等是该技术的重点布局所在。

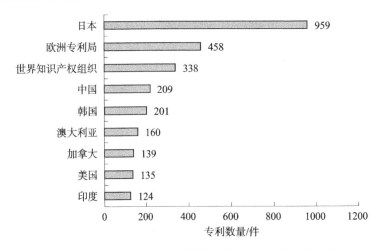

图4－29　三菱重工业株式会社叶片专利技术目标市场排名

6. 专利技术构成分析

表4－20展示的是三菱重工业株式会社的叶片专利主要技术构成及数量分布情况。通过分析，可以了解分析对象覆盖的技术类别及各技术分支的创新热度。对这些专利按照国际专利分类号（IPC）进行统计的结果显示，F03D11大组的专利数量最多，为

705 件；其次是 F03D7 大组，专利数量为 553 件；排在第三位的是 F03D1 大组，专利数量为 249 件；排在第四位的是 F03D9 大组，专利数量为 186 件；排在第五位的是 F03D80 大组，专利数量为 104 件。

表 4-20　三菱重工业株式会社叶片专利技术领域分布（大组）

排名	国际专利分类号（IPC）大组	专利数量/件
1	F03D11：不包含在本小类其他组中或与本小类其他组无关的零件、部件或附件	705
2	F03D7：风力发动机的控制（电能的供给或分配入 H02J，例如网络中调整、消除或补偿无功功率的装置入 H02J3/18；发电机的控制入 H02P，例如用于取得所需输出值的发电机的控制装置入 H02P9/00）［2006.01］	553
3	F03D1：具有基本上与进入发动机的气流平行的旋转轴线的风力发动机（其控制入 F03D7/02）［2006.01］	249
4	F03D9：特殊用途的风力发动机；风力发动机与受它驱动的装置的组合（与由风提供动力的车辆推进单元相结合的装置入 B60K16/00；以与风力发动机相结合为特征的泵入 F04B17/02）；安装于特定场所的风力发动机（产生电能的混合风力光伏能源系统入 H02S10/12）［2016.01］	186
5	F03D80：不包含在组 F03D1/00～F03D17/00 中的零件、组件或附件［2016.01］	104
6	H02P9：用于取得所需输出值的发电机的控制装置［2006.01］	88
7	F04B1：以汽缸数量或排列为特征的多缸机械或泵（一个缸内有多个配合工作的活塞的机械或泵入 F04B3/00）［2020.01］	57
8	F03D13：风力发动机的装配、安装或试运行，适用于运输风力发动机部件的配置［2016.01］	38
9	H02J3：交流干线或交流配电网络的电路装置［2006.01］	36
10	F03D17：风力发动机的监控或测试，例如诊断（试车过程中的测试入 F03D13/30）［2016.01］	27

4.2.8.3　通用电气公司

1. 专利申请趋势

图 4-30 展示的是通用电气公司叶片全球专利申请量在 2013—2022 年的发展趋势。通过申请趋势可以从宏观层面把握分析对象在这一阶段的叶片专利申请热度变化。由图可以看出，2013—2015 年，通用电气公司叶片全球专利申请量下降，2013 年专利申请量为 534 件，2015 年专利申请量为 355 件；2015—2018 年，通用电气公司叶片全球专利申请量逐年增加，2018 年专利申请量为 764 件；2018—2022 年，通用电气公司叶片全球专利申请量快速下降。

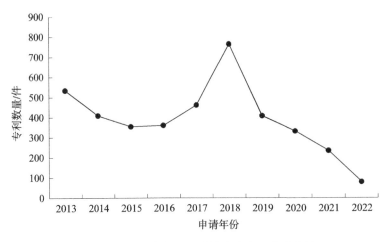

图 4-30 通用电气公司叶片全球专利申请趋势

2. 专利法律状态

经过检索，获得通用电气公司的叶片专利 8141 件。图 4-31 展示的是这些专利处于有效、失效、审中等状态的占比情况。由图可知，有效专利 3486 件，占专利总数的 42.8%；失效专利 2420 件，占专利总数的 29.7%；审中专利 1234 件，占专利总数的 15.2%；法律状态未知的专利 614 件，占专利总数的 7.5%；PCT 指定期满专利 380 件，占专利总数的 4.7%；PCT 指定期内专利 7 件，占专利总数的 0.1%。

3. 专利类型

图 4-32 展示的是通用电气公司的叶片专利类型分布。其中，发明专利 8104 件，占总数的 99.5%；实用新型 37 件，占总数的 0.5%。

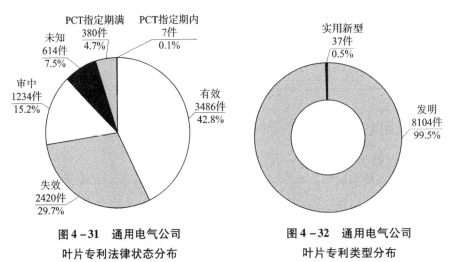

图 4-31 通用电气公司
叶片专利法律状态分布

图 4-32 通用电气公司
叶片专利类型分布

4. 专利技术来源国家或地区排名

图 4-33 所示为通用电气公司叶片专利技术来源国家或地区排名。美国排在第一位，说明通用电气公司的叶片专利技术主要来源国是美国。

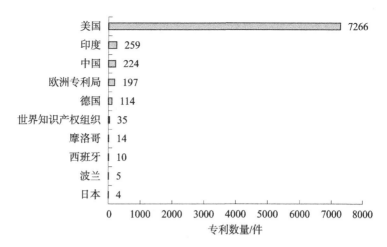

图 4 – 33   通用电气公司叶片专利技术来源国家或地区排名

5. 专利目标市场排名

图 4 – 34 所示为通用电气公司叶片专利技术目标市场排名。不难看出，美国、欧洲专利局、中国、印度、丹麦、西班牙、世界知识产权组织、加拿大、德国和日本等是该技术的重点布局所在。

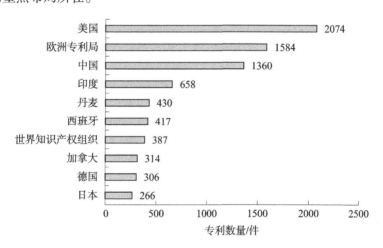

图 4 – 34   通用电气公司叶片专利技术目标市场排名

6. 专利技术构成分析

表 4 – 21 展示的是通用电气公司的叶片专利主要技术构成及数量分布情况。通过分析，可以了解分析对象覆盖的技术类别及各技术分支的创新热度。对这些专利按照国际专利分类号（IPC）进行统计的结果显示，F03D1 大组的专利数量最多，为 1363 件；其次是 F03D7 大组，专利数量为 1291 件；排在第三位的是 F03D11 大组，专利数量为 578 件；排在第四位的是 H02J3 大组，专利数量为 578 件；排在第五位的是 F03D80 大组，专利数量为 261 件。

表4-21 通用电气公司叶片专利技术领域分布（大组）

排名	国际专利分类号（IPC）大组	专利数量/件
1	F03D1：具有基本上与进入发动机的气流平行的旋转轴线的风力发动机（其控制入 F03D7/02）［2006.01］	1363
2	F03D7：风力发动机的控制（电能的供给或分配入 H02J，例如网络中调整、消除或补偿无功功率的装置入 H02J3/18；发电机的控制入 H02P，例如用于取得所需输出值的发电机的控制装置入 H02P9/00）［2006.01］	1291
3	F03D11：不包含在本小类其他组中或与本小类其他组无关的零件、部件或附件	578
4	H02J3：交流干线或交流配电网络的电路装置［2006.01］	326
5	F03D80：不包含在组 F03D1/00～F03D17/00 中的零件、组件或附件［2016.01］	261
6	F03D9：特殊用途的风力发动机；风力发动机与受它驱动的装置的组合（与由风提供动力的车辆推进单元相结合的装置入 B60K16/00；以与风力发动机相结合为特征的泵入 F04B17/02）；安装于特定场所的风力发动机（产生电能的混合风力光伏能源系统入 H02S10/12）［2016.01］	238
7	H02P9：用于取得所需输出值的发电机的控制装置［2006.01］	230
8	B29C70：成型复合材料，即含有增强材料、填料或预成型件（例如嵌件）的塑性材料［2006.01］	175
9	F01D5：叶片；叶片的支承元件（喷嘴箱入 F01D9/02）；叶片或元件的加热、隔热、冷却或防止振动装置［2006.01］	163
10	F03D13：风力发动机的装配、安装或试运行，适用于运输风力发动机部件的配置［2016.01］	153

4.2.9 高被引专利

表4-22列出了10个叶片被高引专利，并按施引专利申请数量进行排名。表4-23～表4-32列出了其主要信息。

表4-22 叶片高被引专利

序号	申请号	专利名称	引文数量/篇	施引专利申请数量/个
1	US13890165	使用无人飞行器网络进行运输	10	1134
2	US13733634	基于服务器的控制系统和方法	12	948
3	US12024957	家庭能源监控系统和方法	67	934
4	US12626640	无线照明设备和应用	52	793
5	US12827574	无线应急照明系统	42	760
6	US12270793	计算基础架构	79	758
7	US13164926	风力涡轮机和用于风力涡轮机的轴	11	745
8	US12942134	自主变网格照明装置	12	727
9	US13992441	故障安全执行系统	12	596
10	US13315414	照明电路的电网切换系统	3	566

表 4 – 23 US13890165 申请的详细信息

专利名称	使用无人飞行器网络进行运输		
申请号	US13890165	申请日	2013/5/8
公开（公告）号	US9384668B2	公开（公告）日	2016/7/5
摘要	本文描述的实施例包括具有无人空中运输车辆的运输系统以及用于控制和监视的物流网络。在某些实施例中，地面站提供了在运送车辆，由车辆携带的包裹和使用者之间进行接口的位置。在某些实施例中，输送车辆自主地从一个地面站导航到另一个地面站。在某些实施例中，地面站提供导航辅助，以提高运载工具定位地面站的位置精度		

表 4 – 24 US13733634 申请的详细信息

专利名称	基于服务器的控制系统和方法		
申请号	US13733634	申请日	2013/1/3
公开（公告）号	US20130201316A1	公开（公告）日	2013/8/8
摘要	一种建筑物或车辆中用于根据控制逻辑响应传感器的致动器操作系统和方法，该系统包括路由器或网关，该路由器或网关通过与传感器相关联的设备和与致动器相关联的设备在内部进行通信。建筑物或车载网络，以及与控制逻辑相关联的外部 Internet 连接的控制服务器，实现 PID 闭环线性控制环，并通过外部网络与路由器进行通信，以控制建筑物或车内现象。传感器可以是麦克风或照相机，并且系统可以包括语音或图像处理作为控制逻辑的一部分。通过使用多个传感器或执行器，或通过建筑物或车辆内部或外部通信中的多个数据路径来使用冗余		

表 4 – 25 US12024957 申请的详细信息

专利名称	家庭能源监控系统和方法		
申请号	US12024957	申请日	2008/2/1
公开（公告）号	US8255090B2	公开（公告）日	2012/8/28
摘要	本发明总体上涉及用于监视和控制功耗设备的功耗的系统和方法。该系统和方法可以连接到电源和功耗设备，即将功耗设备连接到电源。然后可以测量和监视功率消耗设备的功率使用。该监视数据随后可以被存储并且可选地被发送到数据网络上的控制设备。功耗设备的位置也可以被确定、记录并发送到控制设备。该系统还可以控制功耗设备的功耗。在某些情况下，远程服务器可以连接多个能源监控系统，以提高效率并建立基于社区的社交网络		

表 4 – 26 US12626640 申请的详细信息

专利名称	无线照明设备和应用		
申请号	US12626640	申请日	2009/11/26
公开（公告）号	US8033686B2	公开（公告）日	2011/10/11
摘要	在本发明的实施例中，针对采用集成在基于 LED 的光源中的控制组件和/或电源来无线地控制和/或给 LED 光源供电的系统和方法，描述了改进的能力。在实施例中，基于 LED 的光源可以采取插入标准照明插座或固定装置中的标准灯泡的形式		

表 4 – 27 US12827574 申请的详细信息

专利名称	无线应急照明系统		
申请号	US12827574	申请日	2010/6/30
公开（公告）号	US8491159B2	公开（公告）日	2013/7/23
摘要	在本发明的实施例中，描述了用于环境中提供停电照明管理的系统和方法的改进的能力，该系统和方法包括停电检测装置，该停电检测装置适于检测停电状况并且将停电指示数据无线发送到在环境中的多个照明系统中，多个照明系统中的至少一个包括由内部电源供电的 LED 光源		

表 4 – 28 US12270793 申请的详细信息

专利名称	计算基础架构		
申请号	US12270793	申请日	2008/11/13
公开（公告）号	US8706914B2	公开（公告）日	2014/4/22
摘要	一种负担得起的、高度可信赖的、可生存的和可用的、操作高效的分布式超级计算基础架构，用于处理、共享和保护结构化和非结构化信息。SHADOWS 基础设施的主要目标是为极高性能的计算（即超级计算）建立一个高度可生存的、基本无须维护的共享平台，并在总吞吐量和性能方面定义"高性能"。非常低的延迟（尽管并非每个问题或客户都要求非常低的延迟）——在最简单的情况下实现前所未有的可承受性水平的同时，其思想是使用自我修复网络中的分布式节点"团队"作为管理的基础并协调要完成的工作和进行工作所需的资源。SHADOWS 的"团队"概念负责以"有机"方式"自我修复"和"适应"其分布式资源的能力。此外，"团队"本身是 SHADOWS 基础结构中决策、处理和存储的核心。所有重要的计算都在团队的主持和管理下进行		

表 4 – 29 US13164926 申请的详细信息

专利名称	风力涡轮机和用于风力涡轮机的轴		
申请号	US13164926	申请日	2011/6/21
公开（公告）号	US8664792B2	公开（公告）日	2014/3/4
摘要	风力涡轮机的驱动轴被成形为允许轴的增加弯曲，同时适于在风力涡轮机系统中传递扭矩。这种成形的例子是驱动轴，该驱动轴具有在轴的表面上限定的螺旋肋。还描述了包括这种轴的风力涡轮机，以及制造这种轴的方法		

表 4 – 30 US12942134 申请的详细信息

专利名称	自主变网格照明装置		
申请号	US12942134	申请日	2010/11/9
公开（公告）号	US8829799B2	公开（公告）日	2014/9/9
摘要	在本发明的实施例中，描述了用于将照明负载的至少一部分自主转移离开能量分配网格的改进的能力，包括将照明装置电连接到能量分配网格；使照明设备解释从照明设备附近的信息源获得的信息；并基于所述解释使照明设备从至少两个不同的电源中进行选择，其中选择可以包括在两个不同的电源之间分担负载，并且其中一个电源可以是能量分配网格		

表 4 – 31　US13992441 申请的详细信息

专利名称	故障安全执行系统		
申请号	US13992441	申请日	2011/12/08
公开（公告）号	US9239064B2	公开（公告）日	2016/01/19
摘要	公开了一种具有安全位置的故障安全流体致动系统（1），其包括具有至少一个第一和一个第二腔室（3、4）的控制元件（2）。具有工作回路（5），该工作回路具有马达/泵装置（6），其中控制元件至少在工作状态下可以通过工作回路致动。此外，执行系统还包括一个排气阀（9），在故障状态下其被置于通过位置以从第二腔室排出流体，安全回路被设计成：在工作状态下可产生从存储装置分离的流体，通过带有马达/泵装置的工作回路控制元件，其中，通过安全回路，在故障状态下，通过带有马达/泵装置的工作回路将与工作回路完全分离的流体通过以下方式提供给第一腔室：所述存储装置。其中，所述控制元件具有三个腔室，并且，所述安全回路被设计为，在工作状态下，通过所述工作回路能够将与所述存储装置分离的流体产生到所述第三腔室（15）中		

表 4 – 32　US13315414 申请的详细信息

专利名称	照明电路的电网切换系统		
申请号	US13315414	申请日	2011/12/9
公开（公告）号	US8994276B2	公开（公告）日	2015/3/31
摘要	用于照明电路的电源管理系统可以包括电网切换控制器，该电网切换控制器包括处理器和与外部电源的连接。该电源管理系统还可包括与电网切换控制器相关联的通信接口。电网切换控制器可以被配置为通过通信接口向至少一个电网切换电子设备的处理器提供控制信息，该控制信息被配置为在使用来自外部的电力时引导至少一个电网切换电子设备。功率源和与至少一个电网切换电子设备相关联的能量存储设备		

4.3　轮　毂

4.3.1　技术研究背景

在风力发电机组中，轮毂作为旋转叶片的支撑和风力对叶片作用载荷的传递部件，起着至关重要的作用。随着风力发电技术的不断发展和普及，轮毂技术也在不断创新和改进。

提高发电效率：随着风力发电行业的快速发展，发电效率的提高成为关键问题。轮毂的重量和设计对风力发电机组的效率影响较大。近年来，轻质化、高刚度、高韧性的材料和复合材料的使用，使得轮毂的重量减轻，并且通过优化轮毂结构设计，提高了其效率。

提高疲劳寿命：风力发电机组在运行过程中要经受风力的长期冲击和疲劳载荷，轮毂作为其中重要结构件之一，也需要具备良好的疲劳寿命。因此，轮毂的设计和制造要充分考虑其耐久性和疲劳强度，使用先进的材料和加工工艺，确保轮毂在长期运行中的可靠性和安全性。

降低制造成本：随着风力发电技术的不断发展，风力发电机组的制造成本也越来越受到关注。轮毂作为风力发电机组中重要的组成部分，其制造成本的降低对整个风力发电机组的降本增效至关重要。因此，需要不断创新和改进轮毂的制造技术，以提高生产效率和降低制造成本。

提高安全性能：风力发电机组的安全性能对于人们的生命财产安全具有重要的意义。轮毂的结构和材料设计中需要充分考虑安全性能，以确保在恶劣的气候条件下稳定运行。其中，材料的创新性应用是关键，能够进一步促进风能产业发展。● 轮毂的设计和制造需要严格遵循相关的标准和规范。

4.3.2 技术发展历程

传统轮毂（20 世纪 80 年代）：早期的风力发电机组轮毂大多采用传统的钢铁结构。这种轮毂制造成本低廉，但重量较重，限制了风力发电机组的转速和效率。

复合材料轮毂（20 世纪 90 年代）：随着复合材料技术的发展，开始采用复合材料制造风力发电机组轮毂。这种轮毂具有较小的重量、较高的强度和刚度，风力发电机组的转速和效率得到一定的提升。

变桨轮毂（21 世纪初）：为了提高风能的利用效率，在风力发电机组中开始采用变桨轮毂。这种轮毂技术可以根据风速的变化自动调整叶片的角度，从而使风力发电机组在不同的风速下都能达到最佳发电效率。

一体化轮毂（21 世纪 10 年代）：为了进一步提高风力发电机组的效率和可靠性，一体化轮毂逐渐成为主流。这种轮毂技术可以将叶片、轮毂和轴承等多个部件集成在一起，减少了连接处的结构弱点和维护难度。

4.3.3 全球市场规模

风力发电机组结构件中的轮毂其市场规模与风力发电行业的发展密切相关。

根据类型：传统轮毂的市场规模逐渐下降，预计在未来几年内将进一步减少；复合材料轮毂的市场规模逐年增长，预计在未来几年内保持稳定增长；变桨轮毂的市场规模正在逐年扩大，未来几年有望保持高速增长；一体化轮毂的市场规模正在逐年增长，未来几年有望快速增长。

根据地区：亚太地区是风力发电机组轮毂市场最大的地区，市场规模逐年增长，预计未来几年将继续保持增长；欧洲地区是风力发电机组轮毂市场规模第二大的地区，市场规模正在逐年扩大；北美地区是风力发电机组轮毂市场规模第三大的地区，市场规模正在逐年增长。

● 陈汉君，董莎，陆婷怡. 先进储能材料发展趋势研究［J］. 科技创新与应用，2017（6）：92.

4.3.4 专利申请趋势

图 4-35 展示的是轮毂全球专利申请量在 2013—2022 年的发展趋势。通过申请趋势可以从宏观层面把握在这一阶段的轮毂专利申请热度变化。由图可以看出，2013—2015年，轮毂全球专利申请量呈下降趋势，2013 年专利申请量为 3869 件，2015 年专利申请量为 3339 件；2015—2020 年，轮毂全球专利申请量有所增长，2020 年专利申请量为 4852件；2020—2022 年，轮毂全球专利申请量呈下降趋势，2022 年专利申请量为 2509 件。

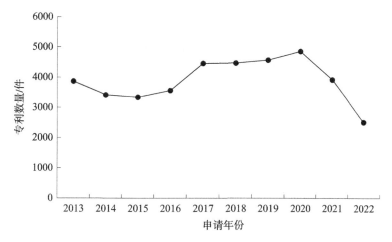

图 4-35 轮毂全球专利申请趋势

4.3.5 专利主要来源国家或地区

图 4-36 展示了轮毂全球专利主要申请国家或地区的数量分布情况。由图可以看

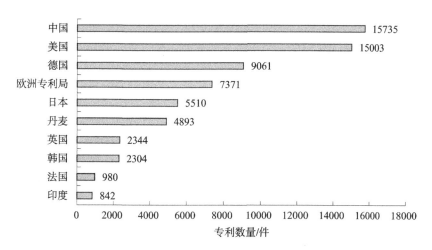

图 4-36 轮毂全球专利在主要申请国家或地区的数量分布

出，中国、美国、德国是轮毂全球专利重点申请国家或地区，数量分别为 15735 件、15003 件、9061 件。紧跟其后的为欧洲专利局 7371 件，日本 5510 件。

这一情况表明，中国、美国、德国等国家和地区是轮毂全球专利布局的主要区域，企业可以跟踪、引进和消化该领域技术，在此基础上实现技术突破。

4.3.6　专利申请人分析

表 4-33 展示的是按照所属申请人（专利权人）的专利数量统计的轮毂全球专利主要申请人排名情况。通过分析，可以发现通用电气公司等主体的轮毂技术创新成果积累较多，其专利竞争实力较强。

表 4-33　轮毂全球专利主要申请人排名

排名	申请人	专利数量/件
1	通用电气公司	5019
2	西门子公司	3250
3	VESTAS WIND SYSTEMS A/S	3148
4	乌本产权有限公司	1564
5	维斯塔斯风力系统有限公司	1354
6	三菱重工业株式会社	1176
7	DAIICHI SHOKAI CO.，LTD.	857
8	北京金风科创风电设备有限公司	778
9	LM 玻璃纤维制品有限公司	716
10	INDIVIDUAL CO.，LTD.	617

4.3.7　专利技术构成分析

表 4-34 展示的是轮毂全球专利主要技术构成及数量分布情况。通过分析，可以了解分析对象覆盖的技术类别及各技术分支的创新热度。对这些专利按照国际专利分类号（IPC）进行统计的结果显示，F03D1 大组的专利数量最多，为 9181 件；其次是 F03D7 大组，专利数量为 8458 件；排在第三位的是 F03D11 大组，专利数量为 4819件；排在第四位的是 F03D80 大组，专利数量为 3823 件；排在第五位的是 F03D9 大组，专利数量为 3446 件。

表 4 - 34　轮毂全球专利技术领域分布（大组）

排名	国际专利分类号（IPC）大组	专利数量/件
1	F03D1：具有基本上与进入发动机的气流平行的旋转轴线的风力发动机（其控制入 F03D7/02）［2006.01］	9181
2	F03D7：风力发动机的控制（电能的供给或分配入 H02J，例如网络中调整、消除或补偿无功功率的装置入 H02J3/18；发电机的控制入 H02P，例如用于取得所需输出值的发电机的控制装置入 H02P9/00）［2006.01］	8458
3	F03D11：不包含在本小类其他组中或与本小类其他组无关的零件、部件或附件	4819
4	F03D80：不包含在组 F03D1/00 ~ F03D17/00 中的零件、组件或附件［2016.01］	3823
5	F03D9：特殊用途的风力发动机；风力发动机与受它驱动的装置的组合（与由风提供动力的车辆推进单元相结合的装置入 B60K16/00；以与风力发动机相结合为特征的泵入 F04B17/02）；安装于特定场所的风力发动机（产生电能的混合风力光伏能源系统入 H02S10/12）［2016.01］	3446
6	F03D13：风力发动机的装配、安装或试运行，适用于运输风力发动机部件的配置［2016.01］	2205
7	F03D3：具有基本上与进入发动机的气流垂直的旋转轴线的风力发动机（其控制入 F03D7/06）［2006.01］	1831
8	F03D17：风力发动机的监控或测试，例如诊断（试车过程中的测试入 F03D13/30）［2016.01］	1507
9	A63F7：玩小型运动物体，如球、圆盘、方块的室内游戏（棋盘游戏，抽彩游戏入 A63F3/00；轮盘赌入 A63F5/00；使用具有二维或多维与游戏有关显示图像的电子显示器的游戏方面入 A63F13/00；微型滚木球游戏入 A63D3/00；弹球或类似游戏入 A63D13/00；台球、落袋台球游戏入 A63D15/00）［2006.01］	943
10	F04D29：零件、部件或附件（一般机械零件入 F16）［2006.01］	822

4.3.8　主要申请人轮毂专利分析

4.3.8.1　VESTAS WIND SYSTEMS A/S

1. 专利申请趋势

图 4 - 37 展示的是 VESTAS WIND SYSTEMS A/S 轮毂全球专利申请量在 2013—2022 年的发展趋势。通过申请趋势可以从宏观层面把握分析对象在这一阶段的轮毂专利申请热度变化。由图可以看出，2013—2020 年，VESTAS WIND SYSTEMS A/S 轮毂全球专利申请量呈波动增加趋势，2013 年专利申请量为 142 件，2014 年专利申请量为177 件，2015 年专利申请量快速降至 98 件，2017 年专利申请量又增至 279 件，2018 年专利申请量降至 229 件，2020 年专利申请量又增至 319 件；2020—2022 年，VESTAS

WIND SYSTEMS A/S 轮毂全球专利申请量呈现快速下降趋势。

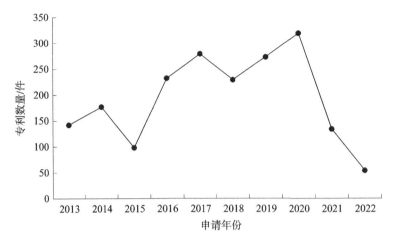

图 4 - 37　VESTAS WIND SYSTEMS A/S 轮毂全球专利申请趋势

2. 专利法律状态

经过检索，获得 VESTAS WIND SYSTEMS A/S 轮毂全球专利共 3148 件。图 4 - 38 展示的是这些专利处于有效、失效、审中等状态的占比情况。由图可知，有效专利 1291 件，占专利总数的 41.0%；PCT 指定期满专利 1004 件，占专利总数的 31.9%；审中专利 428 件，占专利总数的 13.6%；失效专利 343 件，占专利总数的 10.9%；PCT 指定期内专利 76 件，占专利总数的 2.4%；法律状态未知的专利 6 件，占专利总数的 0.2%。

3. 专利类型

图 4 - 39 展示的是 VESTAS WIND SYSTEMS A/S 轮毂专利类型分布。其中，发明专利 3146 件，占总数的 99.9%；实用新型 2 件，占总数的 0.1%。

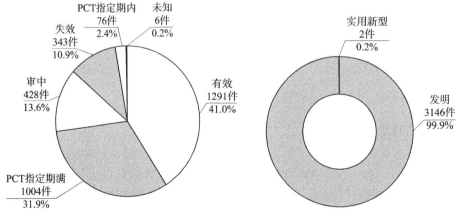

图 4 - 38　VESTAS WIND SYSTEMS A/S 轮毂专利法律状态分布　　　　**图 4 - 39　VESTAS WIND SYSTEMS A/S 轮毂专利类型分布**

4. 专利技术来源国家或地区排名

图 4 - 40 所示为 VESTAS WIND SYSTEMS A/S 轮毂专利技术来源国家或地区排名。丹麦排在第一位，说明 VESTAS WIND SYSTEMS A/S 轮毂专利技术主要来源国是丹麦。

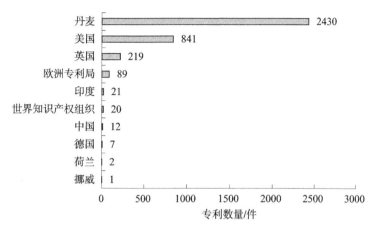

图 4 - 40　VESTAS WIND SYSTEMS A/S 轮毂专利技术来源国家或地区排名

5. 专利目标市场排名

图 4 - 41 所示为 VESTAS WIND SYSTEMS A/S 轮毂专利技术目标市场排名。不难看出，世界知识产权组织、欧洲专利局、美国、西班牙等是该技术的重点布局所在。

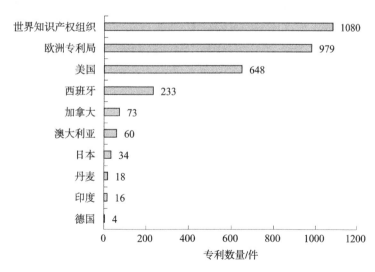

图 4 - 41　VESTAS WIND SYSTEMS A/S 轮毂专利技术目标市场排名

6. 专利技术构成分析

表 4 - 35 展示的是 VESTAS WIND SYSTEMS A/S 轮毂专利主要技术构成及数量分布情况。通过分析，可以了解分析对象覆盖的技术类别及各技术分支的创新热度。对

这些专利按照国际专利分类号（IPC）进行统计的结果显示，F03D7 大组的专利数量最多，专利数量为 808 件；其次是 F03D1 大组，专利数量为 592 件；排在第三位的是 F03D80 大组，专利数量为 317 件；并列排在第四位的是 F03D1 大组和 F03D3 大组，专利数量均为 182 件。

表 4 - 35　VESTAS WIND SYSTEMS A/S 轮毂专利技术领域分布（大组）

排名	国际专利分类号（IPC）大组	专利数量/件
1	F03D7：风力发动机的控制（电能的供给或分配入 H02J，例如网络中调整、消除或补偿无功功率的装置入 H02J3/18；发电机的控制入 H02P，例如用于取得所需输出值的发电机的控制装置入 H02P9/00）［2006.01］	808
2	F03D1：具有基本上与进入发动机的气流平行的旋转轴线的风力发动机（其控制入 F03D7/02）［2006.01］	592
3	F03D80：不包含在组 F03D1/00～F03D17/00 中的零件、组件或附件［2016.01］	317
4	F03D11：不包含在本小类其他组中或与本小类其他组无关的零件、部件或附件	182
4	F03D13：风力发动机的装配、安装或试运行，适用于运输风力发动机部件的配置［2016.01］	182
6	F03D9：特殊用途的风力发动机；风力发动机与受它驱动的装置的组合（与由风提供动力的车辆推进单元相结合的装置入 B60K16/00；以与风力发动机相结合为特征的泵入 F04B17/02）；安装于特定场所的风力发动机（产生电能的混合风力光伏能源系统入 H02S10/12）［2016.01］	93
7	F03D17：风力发动机的监控或测试，例如诊断（试车过程中的测试入 F03D13/30）［2016.01］	90
8	H02J3：交流干线或交流配电网络的电路装置［2006.01］	79
9	B29C70：成型复合材料，即含有增强材料、填料或预成型件（例如嵌件）的塑性材料［2006.01］	48
10	F03D15：机械动力的传送［2016.01］	39

4.3.8.2　西门子公司

1. 专利申请趋势

图 4 - 42 展示的是西门子公司轮毂全球专利申请量在 2013—2022 年的发展趋势。通过申请趋势可以从宏观层面把握分析对象在这一阶段的专利申请热度变化。由图可以看出，2013—2014 年，西门子公司轮毂全球专利申请量呈增加趋势；2014—2016 年，西门子公司轮毂全球专利申请量呈逐年减少趋势，2016 年专利申请量为 120 件；2016—2020 年，西门子公司轮毂全球专利申请量整体呈现增加趋势，2017 年专利申请量为 199 件，2018 年专利申请量降至 177 件，2020 年专利申请量为 318 件；2020—2022 年，西门子公司轮毂全球专利申请量呈现快速下降趋势。

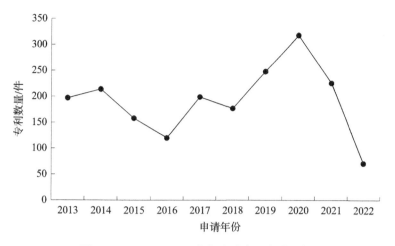

图4-42 西门子公司轮毂全球专利申请趋势

2. 专利法律状态

经过检索，获得西门子公司轮毂全球专利共3250件。图4-43展示的是这些专利处于有效、失效、审中等状态的占比情况。由图可知，失效专利1148件，占专利总数的35.3%；有效专利991件，占专利总数的30.5%；审中专利474件，占专利总数的14.6%；PCT指定期满专利337件，占专利总数的10.4%；法律状态未知的专利224件，占比6.9%；PCT指定期内专利76件，占专利总数的2.3%。

3. 专利类型

图4-44展示的是西门子公司的轮毂专利类型分布。其中，发明专利3227件，占总数的99.3%；实用新型23件，占总数的0.7%。

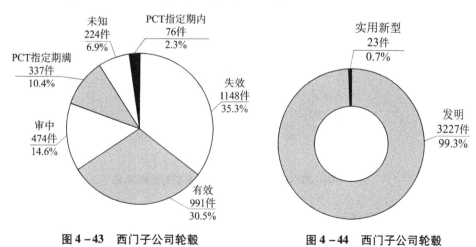

图4-43 西门子公司轮毂
专利法律状态分布

图4-44 西门子公司轮毂
专利类型分布

4. 专利技术来源国家或地区排名

图4-45所示为西门子公司轮毂专利技术来源国家或地区排名。欧洲专利局排在第一位，说明西门子轮毂专利技术主要来源地区是欧洲地区。

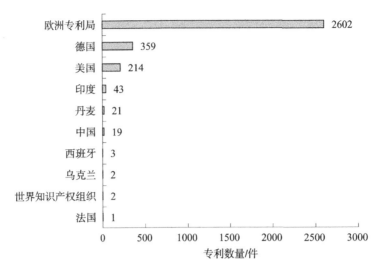

图 4 - 45 西门子公司轮毂专利技术来源国家或地区排名

5. 专利目标市场排名

图 4 - 46 所示为西门子公司轮毂专利技术目标市场排名。不难看出，欧洲专利局、美国、世界知识产权组织、中国、丹麦、加拿大、印度等是该技术的重点布局所在。

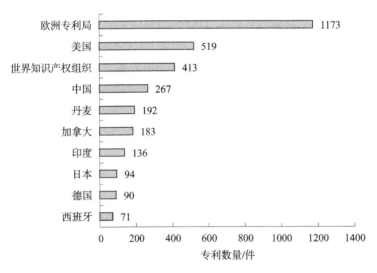

图 4 - 46 西门子公司轮毂专利技术目标市场排名

6. 专利技术构成分析

表 4 - 36 展示的是西门子公司轮毂专利主要技术构成及数量分布情况。通过分析，可以了解分析对象覆盖的技术类别及各技术分支的创新热度。对这些专利按照国际专利分类号（IPC）进行统计的结果显示，F03D1 大组的专利数量最多，为 533 件；其次是 F03D7 大组，专利数量为 412 件；排在第三位的是 F03D80 大组，专利数量为 357 件；排在第四位的是 F03D11 大组，专利数量为 296 件；排在第五位的是 H02K1 大组，

专利数量为 136 件。

表 4 – 36　西门子公司轮毂专利技术领域分布（大组）

排名	国际专利分类号（IPC）大组	专利数量/件
1	F03D1：具有基本上与进入发动机的气流平行的旋转轴线的风力发动机（其控制入 F03D7/02）［2006.01］	533
2	F03D7：风力发动机的控制（电能的供给或分配入 H02J，例如网络中调整、消除或补偿无功功率的装置入 H02J3/18；发电机的控制入 H02P，例如用于取得所需输出值的发电机的控制装置入 H02P9/00）［2006.01］	412
3	F03D80：不包含在组 F03D1/00 ～ F03D17/00 中的零件、组件或附件［2016.01］	357
4	F03D11：不包含在本小类其他组中或与本小类其他组无关的零件、部件或附件	296
5	H02K1：磁路零部件（继电器磁路入 H01H50/16）［2006.01］	136
6	F03D13：风力发动机的装配、安装或试运行，适用于运输风力发动机部件的配置［2016.01］	129
7	F03D17：风力发动机的监控或测试，例如诊断（试车过程中的测试入 F03D13/30）［2016.01］	110
8	F03D9：特殊用途的风力发动机；风力发动机与受它驱动的装置的组合（与由风提供动力的车辆推进单元相结合的装置入 B60K16/00；以与风力发动机相结合为特征的泵入 F04B17/02）；安装于特定场所的风力发动机（产生电能的混合风力光伏能源系统入 H02S10/12）［2016.01］	101
9	B29C70：成型复合材料，即含有增强材料、填料或预成型件（例如嵌件）的塑性材料［2006.01］	53
10	B66C1：用来传递提升力到物件上的，附在起重机提升、降下或牵引机构上或用于与这些机构连接的载荷吊挂元件或装置（紧固到钢绳或钢缆上的入 F16G11/00）［2006.01］	52

4.3.8.3　通用电气公司

1. 专利申请趋势

图 4 – 47 展示的是通用电气公司轮毂全球专利申请量在 2013—2022 年的发展趋势。通过申请趋势可以从宏观层面把握分析对象在这一阶段的轮毂专利申请热度变化。由图可以看出，2013—2016 年，通用电气公司轮毂全球专利申请量呈下降趋势，2013 年专利申请量为 330 件，2014 年和 2015 年专利申请量基本持平，分别为 249 件和 251 件，2016 年专利申请量降至 220 件；2016—2018 年，通用电气公司轮毂全球专利申请量呈现快速增长趋势，2018 年专利申请量为 469 件；2018—2022 年，通用电气公司轮毂专利申请量呈现快速下降趋势。

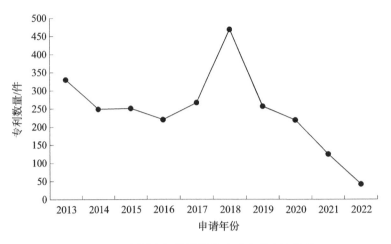

图 4 – 47　通用电气公司轮毂全球专利申请趋势

2. 专利法律状态

经过检索，获得通用电气公司轮毂全球专利共 5019 件。图 4 – 48 展示的是通用电气公司的轮毂专利处于有效、失效、审中等状态的占比情况。由图可知，有效专利 2281 件，占专利总数的 45.4%；失效专利 1379 件，占专利总数的 27.5%；审中专利 646 件，占专利总数的 12.9%；法律状态未知的专利 439 件，专利总数的 8.7%；PCT 指定期满专利 268 件，占专利总数的 5.3%；PCT 指定期内专利 6 件，占专利总数的 0.1%。

3. 专利类型

图 4 – 49 展示的是通用电气公司在轮毂的专利类型分布。其中，发明专利 5004 件，占总数的 99.7%；实用新型 15 件，占总数的 0.3%。

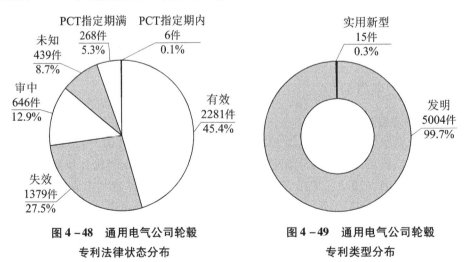

图 4 – 48　通用电气公司轮毂　　　　图 4 – 49　通用电气公司轮毂
　　　专利法律状态分布　　　　　　　　　专利类型分布

4. 专利技术来源国家或地区排名

图 4 – 50 所示为通用电气公司轮毂专利技术来源国家或地区排名。美国排在第一位，说明通用电气公司轮毂专利技术主要来源国是美国。

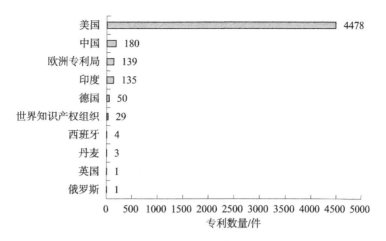

图 4 - 50   通用电气公司轮毂专利技术来源国家或地区排名

5. 专利目标市场排名

图 4 - 51 所示为通用电气公司轮毂专利技术目标市场排名。不难看出，美国、欧洲专利局、印度、中国、西班牙、丹麦、世界知识产权组织、加拿大和德国等是该技术的重点布局所在。

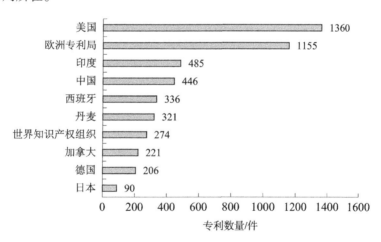

图 4 - 51   通用电气公司轮毂专利技术目标市场排名

6. 专利技术构成分析

表 4 - 37 展示的是通用电气公司轮毂专利主要技术构成及数量分布情况。通过分析，可以了解分析对象覆盖的技术类别及各技术分支的创新热度。对这些专利按照国际专利分类号（IPC）进行统计的结果显示，F03D7 大组的专利数量最多，为 997 件；其次是 F03D1 大组，专利数量为 989 件；排在第三位的是 F03D11 大组，专利数量为 429 件；排在第四位的是 F03D80 大组，专利数量为 231 件；排在第五位的是 F03D9 大组，专利数量为 169 件。

表 4-37　通用电气公司轮毂专利技术领域分布（大组）

排名	国际专利分类号（IPC）大组	专利数量/件
1	F03D7：风力发动机的控制（电能的供给或分配入 H02J，例如网络中调整、消除或补偿无功功率的装置入 H02J3/18；发电机的控制入 H02P，例如用于取得所需输出值的发电机的控制装置入 H02P9/00）［2006.01］	997
2	F03D1：具有基本上与进入发动机的气流平行的旋转轴线的风力发动机（其控制入 F03D7/02）［2006.01］	989
3	F03D11：不包含在本小类其他组中或与本小类其他组无关的零件、部件或附件	429
4	F03D80：不包含在组 F03D1/00～F03D17/00 中的零件、组件或附件［2016.01］	231
5	F03D9：特殊用途的风力发动机；风力发动机与受它驱动的装置的组合（与由风提供动力的车辆推进单元相结合的装置入 B60K16/00；以与风力发动机相结合为特征的泵入 F04B17/02）；安装于特定场所的风力发动机（产生电能的混合风力光伏能源系统入 H02S10/12）［2016.01］	169
6	H02J3：交流干线或交流配电网络的电路装置［2006.01］	161
7	H02P9：用于取得所需输出值的发电机的控制装置［2006.01］	149
8	F03D13：风力发动机的装配、安装或试运行，适用于运输风力发动机部件的配置［2016.01］	126
9	F03D17：风力发动机的监控或测试，例如诊断（试车过程中的测试入 F03D13/30）［2016.01］	102
10	B29C70：成型复合材料，即含有增强材料、填料或预成型件（例如嵌件）的塑性材料［2006.01］	87

4.3.9 高被引专利

表 4-38 列出了 10 个轮毂高被引专利，并按施引专利申请数量进行排名。表 4-39～表 4-48 列出了其详细信息。

表 4-38　轮毂高被引专利

排名	申请号	专利名称	引文数量总计/篇	施引专利申请数量/个
1	US13890165	使用无人飞行器网络进行运输	10	1134
2	US10839765	照明方法和系统	200	908
3	US12270793	计算基础架构	79	758
4	US13164926	风力涡轮机和用于风力涡轮机的轴	11	745
5	US11178214	LED 封装方法和系统	93	676
6	US07145506	线装、移动式电力线监控系统	9	425
7	US10384318	具有多个风轮和浮动系统的海上风力发电机	33	394
8	US15224497	无人机	85	348
9	US10773851	变速分布式传动系统风力发电机系统	62	296
10	US11254023	多功能、可在现场部署的资源利用设备及其制造方法	37	273

表 4 - 39　US13890165 申请的详细信息

专利名称	使用无人飞行器网络进行运输		
申请号	US13890165	申请日	2013/5/8
公开（公告）号	US9384668B2	公开（公告）日	2016/7/5
摘要	本文描述的实施例包括具有无人空中运输车辆的运输系统以及用于控制和监视的物流网络。在某些实施例中，地面站提供了在运送车辆，由车辆携带的包裹和使用者之间进行接口的位置。在某些实施例中，输送车辆自主地从一个地面站导航到另一个地面站。在某些实施例中，地面站提供导航辅助，以提高运载工具定位地面站的位置精度		

表 4 - 40　US10839765 申请的详细信息

专利名称	照明方法和系统		
申请号	US10839765	申请日	2004/5/5
公开（公告）号	US7178941B2	公开（公告）日	2007/2/20
摘要	提供了用于照明的方法和系统，包括用于各种环境的高输出线性照明系统。线性照明系统可以包括在高压环境中驱动光源的电力系统		

表 4 - 41　US12270793 申请的详细信息

专利名称	计算基础架构		
申请号		申请日	2008/11/13
公开（公告）号	US8706914B2	公开（公告）日	2014/4/22
摘要	一种负担得起的、高度可信赖的、可生存的和可用的、操作高效的分布式超级计算基础架构，用于处理、共享和保护结构化和非结构化信息。SHADOWS 基础设施的主要目标是为极高性能的计算（即超级计算）建立一个高度可生存的、基本无须维护的共享平台，并在总吞吐量和性能方面定义 "高性能"。非常低的延迟（尽管并非每个问题或客户都要求非常低的延迟）——在最简单的情况下实现前所未有的可承受性水平的同时，其思想是使用自我修复网络中的分布式节点 "团队" 作为管理的基础并协调要完成的工作和进行工作所需的资源。SHADOWS 的 "团队" 概念负责以 "有机" 方式 "自我修复" 和 "适应" 其分布式资源的能力。此外，"团队" 本身是 SHADOWS 基础结构中决策、处理和存储的核心。所有重要的计算都在 "团队" 的主持和管理下进行		

表 4 - 42　US13164926 申请的详细信息

专利名称	风力涡轮机和用于风力涡轮机的轴		
申请号	US13164926	申请日	2011/6/21
公开（公告）号	US8664792B2	公开（公告）日	2014/3/4
摘要	风力涡轮机的驱动轴被成形为允许轴的增加弯曲，同时适于在风力涡轮机系统中传递扭矩。这种成形的例子是驱动轴，该驱动轴具有在轴的表面上限定的螺旋肋。还描述了包括这种轴的风力涡轮机，以及制造这种轴的方法		

表 4 – 43　US11178214 申请的详细信息

专利名称	LED 封装方法和系统		
申请号	US11178214	申请日	2005/7/8
公开（公告）号	US7646029B2	公开（公告）日	2010/1/12
摘要	提供了用于 LED 模块的方法和系统，该 LED 模块包括集成在 LED 封装中的 LED 管芯，该 LED 管芯具有包括用于控制由 LED 管芯发射的光的电子组件的底座。集成在底座中的电子组件可以包括：驱动器硬件；网络接口；存储器；处理器；开关模式电源；电源设备或另一种类型的电子组件		

表 4 – 44　US07145506 申请的详细信息

专利名称	线装，移动式电力线监控系统		
申请号	US07145506	申请日	1988/1/19
公开（公告）号	US4904996A	公开（公告）日	1990/2/27
摘要	一种移动系统，用于监视与通电的电力导体相关联或附近的电气、物理和/或环境参数和条件，该电力导体支撑在沿电力走廊延伸的一系列塔上。在第一实施例中，该系统包括围绕导体并在其间携带有效载荷模块的前后推进模块。推进模块包括直接从动力导体获取动力的线性感应或旋转直流电动机。有效负载模块装有视频和红外摄像机等设备，以及用于闪电、环境温度、声学和电晕检测的设备，以及用于将适当信号中继到远程地面站的发射器。在另一个实施例中，有效负载模块安装在电源线的避雷线上，并连接到螺旋桨驱动的氦飞船上，以沿电线移动。在两个实施例中，管线安装设备包括适当的设备，该设备允许其移动经过管线上的障碍物		

表 4 – 45　US10384318 申请的详细信息

专利名称	具有多个风轮和浮动系统的海上风力发电机		
申请号	US10384318	申请日	2003/3/7
公开（公告）号	US7075189B2	公开（公告）日	2006/7/11
摘要	针对海上应用优化的风能转换系统。每个风力涡轮机都包括一个带有压载物重量的半潜式船体，该船体可移动以增加系统的稳定性。每个风力涡轮机具有分布在塔架上的一系列转子，以分配重量和负载并在风切变较大的地方提高发电性能。与每个转子相关的尽可能多的设备位于塔架的底部，以降低偏心高度。可以放置在塔架底部的设备可能包括电力电子转换器、DC/AC 转换器，或者是带有机械联动装置的整个发电机，这些机械联动装置将功率从每个转子传到塔架的底部。不是将电能传输回岸上，而是考虑在风力涡轮机的底部产生能量密集的氢基产品。替代地，可以存在中央工厂船，其利用由多个风力涡轮机产生的动力来产生氢基燃料。氢基燃料作为增值"绿色"产品被运输到陆地并出售到现有市场		

表 4 – 46　US15224497 申请的详细信息

专利名称	无人机		
申请号	US15224497	申请日	2016/7/29
公开（公告）号	US10586464B2	公开（公告）日	2020/3/10
摘要	公开了用于无人机（UAV）的各种系统、方法。一方面，可以通过 UAV 走廊来管理和组织区域中的 UAV 操作，这可以被定义为用于 UAV 的操作和移动的方式。无人机走廊可由基础设施和/或系统支持的无人机操作来支持。支撑基础设施可能包括支撑系统，例如补给站和降落场。支持系统可以包括通信 UAV 和/或站，用于向通信能力有限的 UAV 提供通信和/或其他服务，例如空中交通服务。进一步的支持系统可以包括飞行管理服务，用于引导具有有限导航能力的无人机以及跟踪和/或支持未知或故障的无人机		

表 4 – 47　US10773851 申请的详细信息

专利名称	变速分布式传动系统风力发电机系统		
申请号	US10773851	申请日	2004/2/4
公开（公告）号	US7042110B2	公开（公告）日	2006/5/9
摘要	一种可变速风力涡轮机，其使用的转子连接到具有绕线转子或永磁转子的多个同步发电机。无源整流器和逆变器用于将功率传输回电网。涡轮控制单元（TCU）根据转子速度和涡轮逆变器的功率输出来指令所需的发电机转矩。通过逆变器的控制来调节直流电流，从而控制转矩。通过测量直流母线电压可提供主轴阻尼滤波器。在大风中，透平通过恒定的转矩指令和变化的变桨指令传递给转子变桨伺服系统，从而保持恒定的平均输出功率。在逆变器的输出端设定一个固定值，以使输出 VAR 负载最小化，从而使涡轮以非常接近单位功率因数的状态运行		

表 4 – 48　US11254023 申请的详细信息

专利名称	多功能、可在现场部署的资源利用设备及其制造方法		
申请号	US11254023	申请日	2005/10/20
公开（公告）号	US7612735B2	公开（公告）日	2009/11/3
摘要	一种多功能、可在现场部署的资源利用设备，在其实施例中，该设备具有可充气反射器设备，该可充气反射器设备包括至少一个由抛物面镜制成的抛物面反射镜，该抛物面镜由可膨胀环的压力可变形反射罩制成，用于聚焦来自射频辐射（RF）通过包括太阳能在内的紫外线（UV）辐射。可充气反射器设备的第一主要实施例通常利用两个压力可变形膜，其中至少一个是反射性的。第二主要实施例利用反射膜和透明膜。除了反射器设备之外，模块化设备通常还包括模块化组件，以增加通用性，便于使用和/或增强安全性，例如模块化支撑和定向组件、单独的支撑环、安全护罩或笼子、焦点支撑组件、安全盖、安全网或网和稳定组件。充气装置完全折叠后，可携带性得到增强		

第5章 风力发电机组控制系统专利分析

5.1 变桨系统

5.1.1 技术研究背景

变桨系统是风力发电机组控制系统的关键组成部分，变桨距调节是风力发电机组风能转换和收集的主要功率调节方法之一。变桨距也就是调节桨距角，是指通过控制改变安装在轮毂上的叶片桨距角的大小。在风力发电机组运行过程中，当输出功率小于额定功率时，桨距角保持在零度位置不变，不作任何调节；当发电机输出功率达到额定功率以后，调节系统根据输出功率的变化调整桨距角的大小，使发电机的输出功率保持在额定功率。此时控制系统参与调节，形成闭环控制。❶

随着风力发电技术的不断发展，变桨系统的技术也在不断创新和改进。在早期的风力涡轮机中，变桨系统通常采用机械传动方式进行调整，如手动调节和电动调节。随着电子技术的发展和应用，变桨系统逐渐采用电子控制方式，从而实现了自动化调节和更加精确的控制。

在电子控制方面，变桨系统的研究重点逐渐转向控制算法的优化、传感器技术的发展、控制器的智能化等方面。例如，通过利用更先进的控制算法和模型预测技术，可以实现更加精确和自适应的控制，进一步提高风力涡轮机的发电效率和可靠性。

随着风电场规模的不断扩大，变桨系统的可靠性和稳定性也成为研究的重点。为了确保风力涡轮机的安全运行和发电量最大化，研究人员也在开发更加先进的控制算法和自适应控制技术。

5.1.2 技术发展历程

初期机械传动型变桨系统：早期的风力发电机组使用机械传动型变桨系统，采用

---

❶ 李斌，张镇麒，于浩辉，等. 风力发电机组泵控液压系统变桨距控制研究 [J]. 液压与气动，2023，47（4）：27-35.

液压或电动执行器来控制变桨角度。这种系统简单、可靠，但对风场响应较慢，无法实现精准控制，对发电机组的安全性和稳定性影响较大。

液压变桨系统：随着技术的发展，液压变桨系统逐渐被引入风力发电机组中。这种系统能够实现较高的响应速度和精准控制，提高了发电机组的安全性和稳定性。

电动变桨系统：采用电动执行器来控制变桨角度。这种系统具有响应速度快、精度高、能耗低等优点，逐渐成为主流技术。同时，随着电动技术的发展，电动变桨系统的控制算法和硬件设备也得到了不断升级和优化。

其他变桨系统：除了上述传统的液压和电动变桨系统，还有一些新型变桨系统，如压电变桨系统、形状记忆合金变桨系统等。这些系统具有体积小、重量轻、能耗低等优点，逐渐成为研究热点。

风力发电机组控制系统中的变桨系统经历了从传统的机械传动型系统到液压和电动系统的演化，技术不断升级和优化，越来越注重响应速度、精准度和能耗等方面的改进。

5.1.3　全球市场规模

根据市场研究公司的数据，风力发电机组控制系统中的变桨系统市场规模在过去几年持续增长。据预测，未来几年市场规模还将继续扩大。具体数据如下：2018 年，全球风力发电机组控制系统中的变桨系统市场规模约为 27 亿美元；2019 年，全球风力发电机组控制系统中的变桨系统市场规模约为 29 亿美元；2020 年，全球风力发电机组控制系统中的变桨系统市场规模约为 32 亿美元；2021 年，全球风力发电机组控制系统中的变桨系统市场规模预计将达到 35 亿美元。

2022 年，全球风力发电机组控制系统中的变桨系统市场规模预计将达到 38 亿美元。

5.1.4　专利申请趋势

图 5 - 1 展示的是变桨系统全球专利申请量在 2013—2022 年的发展趋势。通过申请

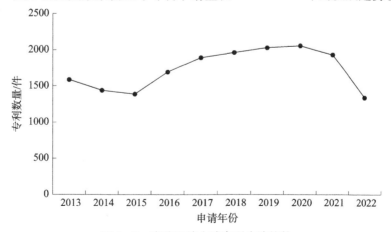

图 5 - 1　变桨系统全球专利申请趋势

趋势可以从宏观层面把握在这一阶段的变桨系统专利申请热度变化。由图可以看出，2013—2015年，变桨系统全球专利申请量呈减少趋势，2013年专利申请量为1588件，2015年专利申请量降至1389件；2015—2020年，变桨系统全球专利申请量稳步增加，2020年专利申请量为2058件；2020—2022年，变桨系统全球专利申请量呈减少趋势。

5.1.5 专利主要来源国家或地区

图5-2展示了变桨系统全球专利在主要申请国家或地区的数量分布情况。由图可以看出，中国、美国、欧洲专利局是全球变桨系统专利重点申请国家或地区，数量分别为10339件、5773件、2829件。紧跟其后的为德国2666件，丹麦2649件。

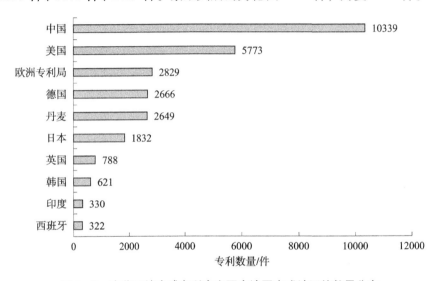

图5-2 变桨系统全球专利在主要申请国家或地区的数量分布

这一情况表明，中国、美国、欧洲等国家和地区是变桨系统全球专利布局的主要区域，企业可以跟踪、引进和消化该领域技术，在此基础上实现技术突破。

5.1.6 专利申请人分析

表5-1展示的是按照所属申请人（专利权人）的专利数量统计的变桨系统全球专利主要申请人排名情况。通过分析，可以发现通用电气公司、VESTAS WIND SYSTEMS A/S、西门子公司等是变桨系统技术创新成果积累较多的专利申请人，据此可进一步分析其专利竞争实力。

表5-1 变桨系统全球专利主要申请人排名

排名	申请人	专利数量/件
1	通用电气公司	2420
2	VESTAS WIND SYSTEMS A/S	1680

排名	申请人	专利数量/件
3	西门子公司	1039
4	乌本产权有限公司	960
5	北京金风科创风电设备有限公司	779
6	三菱重工业株式会社	686
7	维斯塔斯风力系统有限公司	661
8	新疆金风科技股份有限公司	389
9	远景能源有限公司	366
10	通用电气可再生能源西班牙有限公司	273

5.1.7　专利技术构成分析

表 5-2 展示的是变桨系统全球专利主要技术构成及数量分布情况。通过分析，可以了解分析对象覆盖的技术类别及各技术分支的创新热度。对这些专利按照国际专利分类号（IPC）进行统计的结果显示，F03D7 大组的专利数量最多，为 8301 件；其次是 F03D1 大组，专利数量为 2729 件；排在第三位的是 F03D11 大组，专利数量为 1579件；排在第四位的是 F03D9 大组，专利数量为 1532 件；排在第五位的是 F03D80 大组，专利数量为 1387 件。

表 5-2　变桨系统全球专利技术领域分布（大组）

排名	国际专利分类号（IPC）大组	专利数量/件
1	F03D7：风力发动机的控制（电能的供给或分配入 H02J，例如网络中调整、消除或补偿无功功率的装置入 H02J3/18；发电机的控制入 H02P，例如用于取得所需输出值的发电机的控制装置入 H02P9/00）［2006.01］	8301
2	F03D1：具有基本上与进入发动机的气流平行的旋转轴线的风力发动机（其控制入 F03D7/02）［2006.01］	2729
3	F03D11：不包含在本小类其他组中或与本小类其他组无关的零件、部件或附件	1579
4	F03D9：特殊用途的风力发动机；风力发动机与受它驱动的装置的组合（与由风提供动力的车辆推进单元相结合的装置入 B60K16/00；以与风力发动机相结合为特征的泵入 F04B17/02）；安于特定场所的风力发动机（产生电能的混合风力光伏能源系统入 H02S10/12）［2016.01］	1532
5	F03D80：不包含在组 F03D1/00～F03D17/00 中的零件、组件或附件［2016.01］	1387
6	F03D17：风力发动机的监控或测试，例如诊断（试车过程中的测试入 F03D13/30）［2016.01］	1027
7	H02J3：交流干线或交流配电网络的电路装置［2006.01］	977
8	H02P9：用于取得所需输出值的发电机的控制装置［2006.01］	599

排名	国际专利分类号（IPC）大组	专利数量/件
9	F03D13：风力发动机的装配、安装或试运行，适用于运输风力发动机部件的配置 [2016.01]	534
10	F03D3：具有基本上与进入发动机的气流垂直的旋转轴线的风力发动机（其控制入 F03D7/06）[2006.01]	483

5.1.8 主要申请人变桨系统专利分析

5.1.8.1 通用电气公司

1. 专利申请趋势

图5-3展示的是通用电气公司变桨系统全球专利申请量在2013—2022年的发展趋势。通过申请趋势可以从宏观层面把握分析对象在这一阶段的专利申请热度变化。由图可以看出，2013—2016年，通用电气公司变桨系统全球专利申请量呈减少趋势，2013年专利申请量为176件，2016年专利申请量为103件；2016—2018年，通用电气公司变桨系统全球专利申请量呈现快速增加趋势，2018年达到峰值，专利申请量为187件；2018—2022年，通用电气公司变桨系统全球专利呈现快速下降趋势，2022年专利申请量为37件。

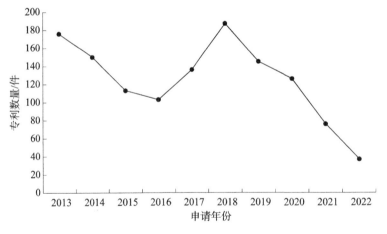

图5-3 通用电气公司变桨系统全球专利申请趋势

2. 专利法律状态

经过检索，获得通用电气公司变桨系统全球专利共2420件。图5-4展示的是这些专利处于有效、失效、审中等状态的占比情况。由图可知，有效专利1202件，占专利总数的49.7%；失效专利538件，占专利总数的22.2%；审中专利362件，占专利总数的15.0%；法律状态未知的专利217件，占专利总数的9.0%；PCT指定期满专利

99 件，占专利总数的 4.1%；PCT 指定期内专利 2 件，占专利总数的 0.1%。

3. 专利类型

图 5 - 5 展示的是通用电气公司变桨系统专利类型分布。其中，发明专利 2408 件，占总数的 99.5%，实用新型 12 件，占总数的 0.5%。

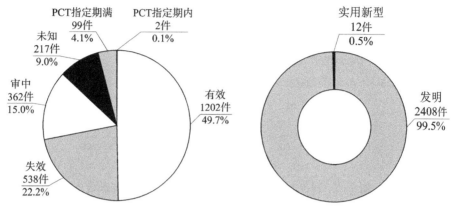

图 5 - 4　通用电气公司变桨系统
专利法律状态分布

图 5 - 5　通用电气公司变桨系统
专利类型分布

4. 专利技术来源国家或地区排名

图 5 - 6 所示为通用电气公司变桨系统专利技术来源国家或地区排名。美国排在第一位，说明通用电气公司变桨系统专利技术主要来源国是美国。

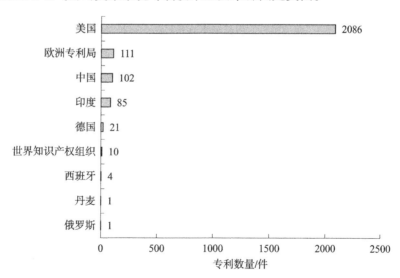

图 5 - 6　通用电气公司变桨系统专利技术来源国家或地区排名

5. 专利目标市场排名

图 5 - 7 所示为通用电气公司变桨系统专利技术目标市场排名。不难看出，美国、欧洲、中国、印度、西班牙、丹麦、加拿大等国家或地区是该技术的重点布局所在。

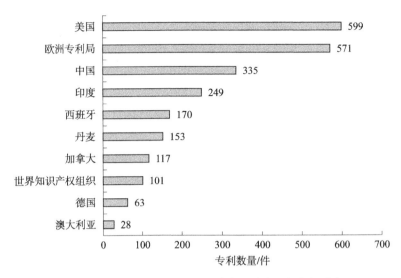

图 5 - 7　通用电气公司变桨系统专利技术目标市场排名

6. 专利技术构成分析

表 5 - 3 展示的是通用电气公司变桨系统专利主要技术构成及数量分布情况。通过分析，可以了解分析对象覆盖的技术类别及各技术分支的创新热度。对这些专利按照国际专利分类号（IPC）进行统计的结果显示，F03D7 大组的专利数量最多，为 858 件；其次是 F03D1 大组，专利数量为 302 件；并列排在第三位的是 F03D80 大组和 F03D11 大组，专利数量为 148 件；排在第五位的是 F03D9 大组，专利数量为 88 件。

表 5 - 3　通用电气公司变桨系统专利技术领域分布（大组）

排名	国际专利分类号（IPC）大组	专利数量/件
1	F03D7：风力发动机的控制（电能的供给或分配入 H02J，例如网络中调整、消除或补偿无功功率的装置入 H02J3/18；发电机的控制入 H02P，例如用于取得所需输出值的发电机的控制装置入 H02P9/00）［2006.01］	858
2	F03D1：具有基本上与进入发动机的气流平行的旋转轴线的风力发动机（其控制入 F03D7/02）［2006.01］	302
3	F03D80：不包含在组 F03D1/00～F03D17/00 中的零件、组件或附件［2016.01］	148
3	F03D11：不包含在本小类其他组中或与本小类其他组无关的零件、部件或附件	148
5	F03D9：特殊用途的风力发动机；风力发动机与受它驱动的装置的组合（与由风提供动力的车辆推进单元相结合的装置入 B60K16/00；以与风力发动机相结合为特征的泵入 F04B17/02）；安装于特定场所的风力发动机（产生电能的混合风力光伏能源系统入 H02S10/12）［2016.01］	88
6	F03D17：风力发动机的监控或测试，例如诊断（试车过程中的测试入 F03D13/30）［2016.01］	80
7	H02J3：交流干线或交流配电网络的电路装置［2006.01］	73

续表

排名	国际专利分类号（IPC）大组	专利数量/件
8	H02P9：用于取得所需输出值的发电机的控制装置［2006.01］	59
9	F03D13：风力发动机的装配、安装或试运行，适用于运输风力发动机部件的配置［2016.01］	53
10	F03D15：机械动力的传送［2016.01］	26

5.1.8.2　VESTAS WIND SYSTEMS A/S

1. 专利申请趋势

图5-8展示的是VESTAS WIND SYSTEMS A/S变桨系统全球专利申请量在2013—2022年的发展趋势。通过申请趋势可以从宏观层面把握分析对象在这一阶段的变桨系统专利申请热度变化。由图可以看出，2013—2016年，VESTAS WIND SYSTEMS A/S变桨系统全球专利申请量呈增加趋势，2013年专利申请量为71件，2016年专利申请量达到峰值，为182件；2016—2018年，VESTAS WIND SYSTEMS A/S变桨系统全球专利申请量逐年减少，2018年专利申请量降至113件；2018—2020年，VESTAS WIND SYSTEMS A/S变桨系统全球专利申请量呈现回升趋势，2020年专利申请量为129件；2020—2022年，VESTAS WIND SYSTEMS A/S变桨系统全球专利申请量呈减少趋势。

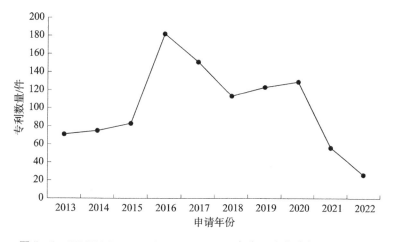

图5-8　VESTAS WIND SYSTEMS A/S变桨系统全球专利申请趋势

2. 专利法律状态

经过检索，获得VESTAS WIND SYSTEMS A/S变桨系统全球专利共1680件。图5-9展示的是这些专利处于有效、失效、审中等状态的占比情况。由图可知，有效专利756件，占专利总数的45.0%；PCT指定期满专利535件，占专利总数的31.8%；审中专利184件，占专利总数的11.0%；失效专利176件，占比10.5%；PCT指定期内专利29件，占比1.7%。

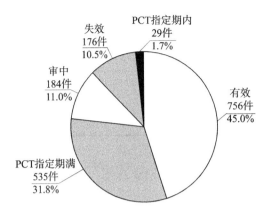

图5-9 VESTAS WIND SYSTEMS A/S
变桨系统专利法律状态分布

3. 专利类型

VESTAS WIND SYSTEMS A/S 的 1680 件变桨系统专利均为发明专利。

4. 专利技术来源国家或地区排名

图5-10 所示为 VESTAS WIND SYSTEMS A/S 变桨系统专利技术来源国家或地区排名。丹麦排在第一位，说明 VESTAS WIND SYSTEMS A/S 变桨系统专利技术主要来源国是丹麦。

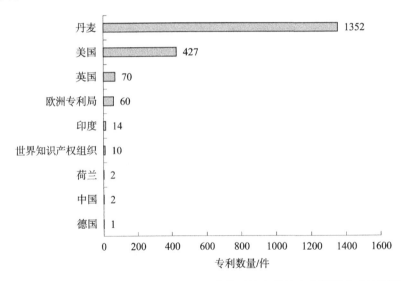

图5-10 VESTAS WIND SYSTEMS A/S 变桨系统专利技术来源国家或地区排名

5. 专利目标市场排名

图5-11 所示为 VESTAS WIND SYSTEMS A/S 变桨系统专利技术目标市场排名。不难看出，世界知识产权组织、欧洲、美国、西班牙等是该技术的重点布局所在。

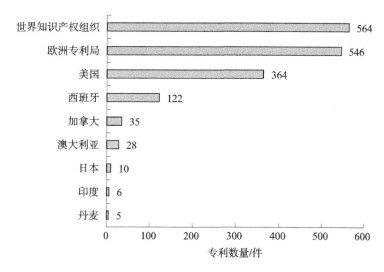

图 5 – 11　VESTAS WIND SYSTEMS A/S 变桨系统专利技术目标市场排名

6. 专利技术构成分析

表 5 – 4 展示的是 VESTAS WIND SYSTEMS A/S 的变桨系统专利主要技术构成及数量分布情况。通过分析，可以了解分析对象覆盖的技术类别及各技术分支的创新热度。对这些专利按照国际专利分类号（IPC）进行统计的结果显示，F03D7 大组的专利数量最多，为 764 件；其次是 F03D1 大组，专利数量为 240 件；排在第三位的是 F03D80 大组，专利数量为 101 件；排在第四位的是 F03D11 大组，专利数量为 76 件；排在第五位的是 F03D9 大组，专利数量为 66 件。

表 5 – 4　VESTAS WIND SYSTEMS A/S 变桨系统专利技术领域分布（大组）

排名	国际专利分类号（IPC）大组	专利数量/件
1	F03D7：风力发动机的控制（电能的供给或分配入 H02J，例如网络中调整、消除或补偿无功功率的装置入 H02J3/18；发电机的控制入 H02P，例如用于取得所需输出值的发电机的控制装置入 H02P9/00）［2006.01］	764
2	F03D1：具有基本上与进入发动机的气流平行的旋转轴线的风力发动机（其控制入 F03D7/02）［2006.01］	240
3	F03D80：不包含在组 F03D1/00 ～ F03D17/00 中的零件、组件或附件［2016.01］	101
4	F03D11：不包含在本小类其他组中或与本小类其他组无关的零件、部件或附件	76
5	F03D9：特殊用途的风力发动机；风力发动机与受它驱动的装置的组合（与由风提供动力的车辆推进单元相结合的装置入 B60K16/00；以与风力发动机相结合为特征的泵入 F04B17/02）；安装于特定场所的风力发动机（产生电能的混合风力光伏能源系统入 H02S10/12）［2016.01］	66
6	F03D17：风力发动机的监控或测试，例如诊断（试车过程中的测试入 F03D13/30）［2016.01］	51
7	H02J3：交流干线或交流配电网络的电路装置［2006.01］	49

排名	国际专利分类号（IPC）大组	专利数量/件
8	F03D13：风力发动机的装配、安装或试运行，适用于运输风力发动机部件的配置［2016.01］	36
9	H02P9：用于取得所需输出值的发电机的控制装置［2006.01］	21
10	G05B23：控制系统或其部件的检验或监视（程序控制系统的监视入G05B19/048，G05B19/406）［2006.01］	11

5.1.8.3 西门子公司

1. 专利申请趋势

图5-12展示的是西门子公司变桨系统全球专利申请量在2013—2022年的发展趋势。通过申请趋势可以从宏观层面把握分析对象在这一阶段的变桨系统专利申请热度变化。由图可以看出，2013—2016年，西门子公司变桨系统全球专利申请量逐渐减少，2013年专利申请量为61件，2016年专利申请量为37件；2016—2020年，西门子公司变桨系统全球专利申请量呈现快速增加趋势，2020年达到峰值，当年专利申请量为110件；2020—2022年，西门子变桨系统全球专利申请量呈现快速下降趋势，2022年专利申请量为28件。

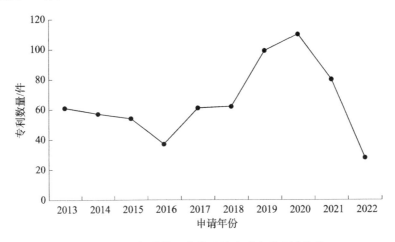

图5-12 西门子公司变桨系统全球专利申请趋势

2. 专利法律状态

经过检索，获得西门子公司变桨系统全球专利共1039件。图5-13展示的是这些专利处于有效、失效、审中等状态的占比情况。由图可知，失效专利366件，占专利总数的35.2%；有效专利292件，占专利总数的28.1%；审中专利152件，占专利总数的14.6%；PCT指定期满专利118件，占专利总数的11.4%；法律状态未知的专利75件，占专利总数的7.2%；PCT指定期内专利36件，占专利总数的3.5%。

3. 专利类型

图 5 - 14 展示的是西门子公司在变桨系统的专利类型分布。其中，发明专利 1038 件，占总数的 99.9%；实用新型专利 1 件，占总数的 0.1%。

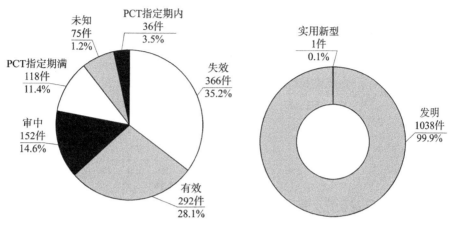

图 5 - 13　西门子公司变桨系统
专利法律状态分布

图 5 - 14　西门子公司变桨系统
专利类型分布

4. 专利技术来源国家或地区排名

图 5 - 15 所示为西门子公司变桨系统专利技术来源国家或地区排名。欧洲专利局排在第一位，说明西门子公司变桨系统专利技术主要来源地区是欧洲地区。

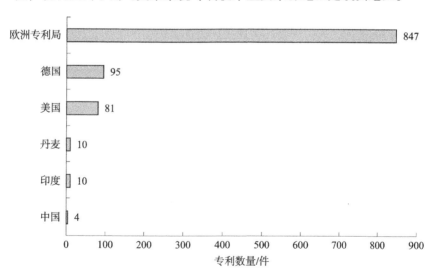

图 5 - 15　西门子公司变桨系统专利技术来源国家或地区排名

5. 专利目标市场排名

图 5 - 16 所示为西门子公司变桨系统专利技术目标市场排名。不难看出，欧洲专利局、美国、世界知识产权组织等是该技术的重点布局所在。

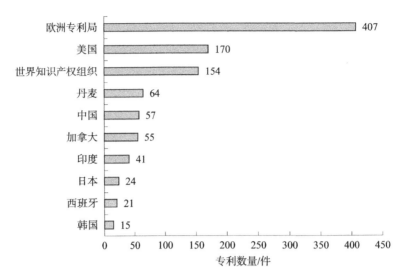

图 5-16　西门子公司变桨系统专利技术目标市场排名

6. 专利技术构成分析

表 5-5 展示的是西门子公司的变桨系统专利主要技术构成及数量分布情况。通过分析，可以了解分析对象覆盖的技术类别及各技术分支的创新热度。对这些专利按照国际专利分类号（IPC）进行统计的结果显示，F03D7 大组的专利数量最多，为 351 件；其次是 F03D1 大组，专利数量为 145 件；排在第三位的是 F03D80，专利数量为 80 件；排在第四位的是 F03D11 大组，专利数量为 71 件；排在第五位的是 F03D17 大组，专利数量为 38 件。

表 5-5　西门子公司变桨系统专利技术领域分布（大组）

排名	国际专利分类号（IPC）大组	专利数量/件
1	F03D7：风力发动机的控制（电能的供给或分配入 H02J，例如网络中调整、消除或补偿无功功率的装置入 H02J3/18；发电机的控制入 H02P，例如用于取得所需输出值的发电机的控制装置入 H02P9/00）[2006.01]	351
2	F03D1：具有基本上与进入发动机的气流平行的旋转轴线的风力发动机（其控制入 F03D7/02）[2006.01]	145
3	F03D80：不包含在组 F03D1/00～F03D17/00 中的零件、组件或附件 [2016.01]	80
4	F03D11：不包含在本小类其他组中或与本小类其他组无关的零件、部件或附件	71
5	F03D17：风力发动机的监控或测试，例如诊断（试车过程中的测试入 F03D13/30）[2016.01]	38
6	H02P9：用于取得所需输出值的发电机的控制装置 [2006.01]	25
7	H02J3：交流干线或交流配电网络的电路装置 [2006.01]	19
7	F03D9：特殊用途的风力发动机；风力发动机与其它驱动的装置的组合（与由风提供动力的车辆推进单元相结合的装置入 B60K16/00；以与风力发动机相结合为特征的泵入 F04B17/02）；安于特定场所的风力发动机（产生电能的混合风力光伏能源系统入 H02S10/12）[2016.01]	19

排名	国际专利分类号（IPC）大组	专利数量/件
9	F03D13：风力发动机的装配、安装或试运行，适用于运输风力发动机部件的配置［2016.01］	18
10	B29C70：成型复合材料，即含有增强材料、填料或预成型件（例如嵌件）的塑性材料［2006.01］	17

5.1.9　高被引专利

表 5-6 列出了 10 个变桨系统高被引专利，并按施引专利申请数量进行排名。表 5-7~表 5-16 列出了其详细信息。

表 5-6　变桨系统高被引专利

序号	申请号	专利名称	引文数量/篇	施引专利申请数量/个
1	US13890165	使用无人飞行器网络进行运输	10	1134
2	US08725187	双馈机性能优化控制器及控制方法	19	417
3	US10384318	具有多个风轮和浮动系统的海上风力发电机	33	394
4	US07799416	具有减少的功率波动和静态 VAR 操作模式的变速风力涡轮机	2	375
5	US10773851	变速分布式传动系统风力发电机系统	62	296
6	US09900874	用于提高可再生设施产生的电力的系统、方法、旋转机器和计算机程序产品	33	267
7	US14940379	两栖垂直起降无人机	23	248
8	US10023899	用于气象相关活动中的风险最小化和相互保险关系的系统，方法和计算机程序产品	20	227
9	CN201880002528.9	工业物联网中具有大数据集的数据收集环境下的检测方法和系统	6	225
10	US10865376	用于检测转子叶片冰的方法和设备	8	218

表 5-7　US13890165 申请的详细信息

专利名称	使用无人飞行器网络进行运输		
申请号	US13890165	申请日	2013/5/8
公开（公告）号	US9384668B2	公开（公告）日	2016/7/5
摘要	本文描述的实施例包括具有无人空中运输车辆的运输系统以及用于控制和监视的物流网络。在某些实施例中，地面站提供了在运送车辆，由车辆携带的包裹和使用者之间进行接口的位置。在某些实施例中，输送车辆自主地从一个地面站导航到另一个地面站。在某些实施例中，地面站提供导航辅助，以提高运载工具定位地面站的位置精度		

表 5 - 8　US08725187 申请的详细信息

专利名称	双馈机性能优化控制器及控制方法		
申请号	US08725187	申请日	1996/10/2
公开（公告）号	US5798631A	公开（公告）日	1998/8/25
摘要	变速恒频（VSCF）系统利用双馈电机（DFM）来最大化系统的输出功率。该系统包括向 DFM 提供频率信号和电流信号的功率转换器。功率转换器由自适应控制器控制。控制器向转换器发送信号以改变其频率信号，从而改变 DFM 的转子速度，直到检测到最大功率输出。控制器还向转换器发送信号以改变其电流信号，并由此改变由相应绕组承载的功率部分，直到感测到最大功率输出。可以增强控制以不仅最大化功率和效率，而且提供谐波和无功功率补偿		

表 5 - 9　US10384318 申请的详细信息

专利名称	具有多个风轮和浮动系统的海上风力发电机		
申请号	US10384318	申请日	2003/3/7
公开（公告）号	US7075189B2	公开（公告）日	2006/7/11
摘要	针对海上应用优化的风能转换系统。每个风力涡轮机都包括一个带有压载物重量的半潜式船体，该船体可移动以增加系统的稳定性。每个风力涡轮机具有分布在塔架上的一系列转子，以分配重量和负载并在风切变较大的地方提高发电性能。与每个转子相关的尽可能多的设备位于塔架的底部，以降低偏心高度。可以放置在塔架底部的设备可能包括电力电子转换器、DC/AC 转换器，或者是带有机械联动装置的整个发电机，这些机械联动装置将功率从每个转子传递到塔架的底部。不是将电能传输回岸上，而是考虑在风力涡轮机的底部产生能量密集的氢基产品。替代地，可以存在中央工厂船，其利用由多个风力涡轮机产生的动力来产生氢基的燃料。氢基燃料作为增值"绿色"产品被运输到陆地并出售到现有市场		

表 5 - 10　US07799416 申请的详细信息

专利名称	具有减少的功率波动和静态 VAR 操作模式的变速风力涡轮机		
申请号	US07799416	申请日	1991/11/27
公开（公告）号	US5225712A	公开（公告）日	1993/7/6
摘要	本文公开了一种风力涡轮机功率转换器，其平滑来自变速风力涡轮机的输出功率，以减少或消除输出线上的显著功率波动。电源转换器具有连接到将风能转换为电能的变速发电机的 AC - DC 转换器、连接到公用电网的 DC - AC 逆变器以及连接到电能存储设备的直流电压链路，例如作为电池或燃料电池，或光伏或太阳能电池。此外，本文公开了一种用于控制流经线路侧逆变器处的有源开关的瞬时电流以向公用电网提供无功功率的装置和方法。逆变器可以控制无功功率输出作为功率因数角，或直接作为独立于有功功率的多个 VAR。当风力涡轮机正在发电时，可以在运行模式下控制无功功率，或者在风力涡轮机不运行以产生有功功率时以静态无功模式控制无功功率。为了控制无功功率，使用电压波形作为参考，形成每个输出相的电流控制波形。每相的电流控制波形应用于电流调节器，该调节器调节控制逆变器每相电流的驱动电路。还公开了用于控制充电/放电比和调节直流电压链路上的电压的装置。以电压波形为参考，形成各输出相的电流控制波形。每相的电流控制波形应用于电流调节器，该调节器调节控制逆变器每相电流的驱动电路。还公开了用于控制充电/放电比和调节直流电压链路上的电压的装置。以电压波形为参考，形成各输出相的电流控制波形。每相的电流控制波形应用于电流调节器，该调节器调节控制逆变器每相电流的驱动电路。还公开了用于控制充电/放电比和调节直流电压链路上的电压的装置		

表 5 - 11　US10773851 申请的详细信息

专利名称	变速分布式传动系统风力发电机系统		
申请号	US10773851	申请日	2004/2/4
公开（公告）号	US7042110B2	公开（公告）日	2006/5/9
摘要	一种可变速风力涡轮机，其使用的转子连接到具有绕线转子或永磁转子的多个同步发电机。无源整流器和逆变器用于将功率传输回电网。涡轮控制单元（TCU）根据转子速度和涡轮逆变器的功率输出来指令所需的发电机转矩。通过逆变器的控制来调节直流电流，从而控制转矩。通过测量直流母线电压可提供主轴阻尼滤波器。在大风中，透平通过恒定的转矩指令和变化的变桨指令传递给转子变桨伺服系统，从而保持恒定的平均输出功率。在逆变器的输出端设定一个固定值，以使输出 VAR 负载最小化，从而使涡轮以非常接近单位功率因数的状态运行		

表 5 - 12　US09900874 申请的详细信息

专利名称	用于提高可再生设施产生的电力的系统、方法、旋转机器和计算机程序产品		
申请号	US09900874	申请日	2001/7/10
公开（公告）号	US6670721B2	公开（公告）日	2003/12/30
摘要	电力系统为电力工程设备和转换器（例如旋转交流电机、电力电子转换器和变压器）以及电网提供协调和受控的相互通信及操作，以提高可再生设施产生的电力。从电网及其利益相关者的角度来看，增强型可再生能源设施比传统的可再生能源设施更加坚固，所产生的电力与传统发电厂（如化石燃料发电厂、水力发电厂、核电站等）。xMs 和 SMs，或更一般的 yMs，满足刚度和减少可变性的要求		

表 5 - 13　US14940379 申请的详细信息

专利名称	两栖垂直起降无人机		
申请号	US14940379	申请日	2015/11/13
公开（公告）号	US9493235B2	公开（公告）日	2016/11/15
摘要	一种两栖垂直起降（VTOL）无人设备，包括模块化和可扩展的防水体。一个外壳，至少一个机翼和一扇门连接到模块化且可扩展的防水体。两栖 VTOL 无人驾驶装置的推进系统包括多个电动机和螺旋桨以及螺旋桨保护系统。两栖 VTOL 无人驾驶装置还包括电池、用于电池的充电站、车载发电机、配电板、电力存储装置以及电连接至电力存储装置的电机。两栖 VTOL 无人驾驶设备还配备了着陆系统、机载空气压缩机、机载电解系统、冷却装置、视觉辅助灯和定向灯		

表 5 - 14　US10023899 申请的详细信息

专利名称	用于气象相关活动中的风险最小化和相互保险关系的系统、方法和计算机程序产品		
申请号	US10023899	申请日	2001/12/21
公开（公告）号	US7430534B2	公开（公告）日	2008/9/30
摘要	一种用于使与气象相关活动有关的风险最小化的系统、方法和计算机程序产品。此类活动可能包括使用可再生能源，以及从这些可再生能源输出功率以在市场上出售。该系统和方法在可能出现短缺的情况下识别市场参与者的风险，并提供度量标准和缓解过程，以在因未能交付电力或电网运营中发生失衡而产生合同违约之前解决风险		

表 5 - 15　CN201880002528. 9 申请的详细信息

专利名称	工业物联网中具有大数据集的数据收集环境下的检测方法和系统		
申请号	CN201880002528. 9	申请日	2018/8/2
公开（公告）号	CN110073301A	公开（公告）日	2019/7/30
摘要	本发明公开了一种用于在工业环境中进行数据收集的监测设备、系统和方法。该系统包括通信连接到多个输入通道和网络架构的数据收集器；其中该数据收集器基于已选择的数据收集例程进行数据收集；该系统还包括被结构化为存储多个收集器例程和已收集数据的数据存储器、被结构化为从已收集数据中解译多个检测值的数据收集电路、被结构化为分析该已收集数据并确定从该多个输入通道处收集的数据的聚合率；如果聚合率超出该网络架构的吞吐参数，则该数据分析电路改变数据收集从而降低被收集数据的量		

表 5 - 16　US10865376 申请的详细信息

专利名称	用于检测转子叶片冰的方法和设备		
申请号	US10865376	申请日	2004/6/10
公开（公告）号	US7086834B2	公开（公告）日	2006/8/8
摘要	一种用于在具有转子和一个或多个转子叶片的风力涡轮机上检测冰的方法，每个转子叶片具有叶片根部。该方法包括监测与结冰条件有关的气象条件，以及监测运行中至少根据至少一个或多个转子叶片的质量或转子叶片之间的质量不平衡变化而变化的风力涡轮机的一个或多个物理特性。该方法还包括使用一个或多个监测到的物理特性来确定叶片质量是否存在异常，确定监测到的气象条件是否与叶片结冰一致；以及当确定叶片质量异常并确定监测到的气象条件与结冰一致时，发出与结冰有关的叶片质量异常的信号		

5.2　制动系统

5.2.1　技术研究背景

近年来，随着社会经济的迅猛发展，全球正从传统的工业社会逐渐向着信息社会迈进，随之而来的数字技术、信息技术逐渐被广泛地应用到各个领域的生产管理工作中。[1] 风力发电机组的制动系统是保证风机安全停机的关键设备，也是确保风机运行可靠性和寿命的重要组成部分。在风力发电机组停机或发生紧急情况时，制动系统可以迅速有效地控制叶片的旋转，使风机安全停机，避免因停机不及时或叶片飞出等原因导致的事故发生。[2]

在制动系统的设计和研究中，需要考虑多种因素，如制动力矩大小、制动时间、制动器的类型和位置、控制方式等。此外，制动系统的研究也要结合风机的特点和运

---

[1] 任峰，董莎，陈汉君. 大数据环境下知识产权数据库建设研究 [J]. 科学与信息化，2018（23）：9 - 10.

[2] 范昌勇，车芳芳. 一种风力发电液压制动系统的研究 [J]. 液压气动与密封，2020，40（10）：4 - 8.

行条件进行综合考虑，以实现最佳的控制效果和运行安全。

随着风电行业的不断发展和技术的不断进步，制动系统的技术研究也在不断深入。目前，制动系统的研究主要集中在以下几个方面：

制动系统的控制策略研究，包括手动和自动控制模式，以及根据不同运行情况的制动策略调整。

制动器的设计和研究，包括电磁式、液压式、机械式和气压式等不同类型的制动器，以及制动器位置和数量的优化研究。

制动系统的可靠性和安全性研究，包括制动系统的故障诊断和排除，以及应急制动系统的设计和实现。

制动系统与其他系统的协调研究，如风机控制系统、转矩控制系统等，以实现整个风机系统的协调运行。

5.2.2　技术发展历程

早期机械式制动器：早期的风力发电机组采用的是机械式制动器，即通过机械装置实现制动。这种制动方式操作简单，但制动力矩较小，不够稳定。

液压式制动器：20 世纪 70 年代，液压式制动器开始应用于风力发电机组的制动系统中。液压式制动器制动力矩更大，制动效果更好，同时也更稳定可靠。

电磁式制动器：随着电子技术的发展，电磁式制动器逐渐被引入风力发电机组的制动系统。这种制动器结构简单，制动力矩可调，制动速度也更快。

制动系统的智能化：随着计算机技术和智能控制技术的发展，制动系统逐渐实现了自动化和智能化控制。制动系统的控制方式也逐渐从人工操作转向电子控制和自动控制。

新型制动器技术：目前，气压式制动器和超级电容器式制动器等新型制动器技术正在不断发展和应用。这些新型制动器具有制动力矩大、响应速度快、安装简便等优点。

制动系统的技术发展经历了从机械制动器到液压式制动器，再到电磁式制动器，以及从人工操作到智能化控制的演进过程。这一过程中，制动器技术和控制方式不断改进和升级，为风力发电机组的制动系统提供了更为可靠和安全的保障。

5.2.3　全球市场规模

风电作为一种清洁、可再生的能源形式，已经成为全球能源领域的重要组成部分。随着风力发电技术的不断发展和成熟，风力发电机组的制动系统市场也在逐步扩大。

市场研究公司的数据显示，2019 年全球风力发电机组制动系统市场规模约为 17 亿美元。预计到 2025 年，这一市场规模将达到 24 亿美元，年复合增长率约为 6.2%。

这一市场的增长主要受到以下因素的推动：①风力发电产业的快速发展，促进了制动系统市场的增长；②制动系统技术不断升级，性能和稳定性得到提升；③越来越多的国家和地区开始采用风力发电作为主要的能源生产形式，增加了风力发电机组的需求；④制动系统的维护和替换需求增加，也推动了市场的增长。

5.2.4 全球专利申请趋势

图 5-17 展示的是制动系统全球专利申请量在 2013—2022 年的发展趋势。通过申请趋势可以从宏观层面把握这一阶段的制动系统全球专利申请热度变化。2013—2020 年，制动系统全球专利申请量呈逐年增加趋势，2013 年专利申请量为 1635 件，2020 年专利申请量达到 2556 件；2020—2022 年，制动系统全球专利申请量呈现较为快速下降的趋势。

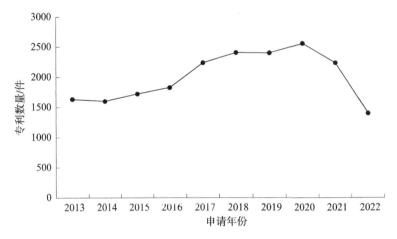

图 5-17 制动系统全球专利申请趋势

5.2.5 专利主要来源国家或地区

图 5-18 展示了制动系统全球专利在主要申请国家或地区的数量分布情况。由图可以看出，美国、日本、中国是制动系统全球专利重点申请国家或地区，数量分别为 14798 件、14354 件、13803 件。紧跟其后的是德国 7844 件，欧洲专利局 3307 件。

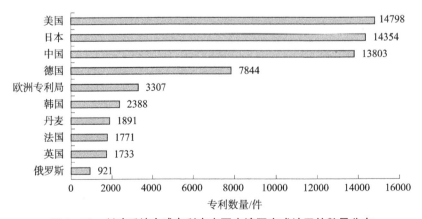

图 5-18 制动系统全球专利在主要申请国家或地区的数量分布

这一情况表明，美国、日本、中国等国家和地区是制动系统全球专利布局的主要区域，企业可以跟踪、引进和消化该领域技术，在此基础上实现技术突破。

5.2.6　专利申请人分析

表 5 - 17 展示的是按照所属申请人（专利权人）的专利数量统计的制动系统全球专利主要申请人排名情况。通过分析，可以发现制动系统技术创新成果积累较多的专利申请人，据此可进一步分析其专利竞争实力。

表 5 - 17　制动系统全球专利主要申请人排名

排名	申请人	专利数量/件
1	通用电气公司	2581
2	西门子公司	1549
3	SANYO PRODUCT CO.，LTD.	1131
4	VESTAS WIND SYSTEMS A/S	1046
5	INDIVIDUAL CO.，LTD.	1008
6	索尼公司	912
7	乌本产权有限公司	617
8	三菱重工业株式会社	590
9	株式会社村田制作所	552
10	维斯塔斯风力系统有限公司	467

5.2.7　专利技术构成分析

表 5 - 18 展示的是制动系统全球专利主要技术构成及数量分布情况。通过分析，可以了解分析对象覆盖的技术类别及各技术分支的创新热度。对这些专利按照国际专利分类号（IPC）进行统计的结果显示，F03D7 大组的专利数量最多，为 7099 件；其次是 F03D9 大组，专利数量为 2900 件；排在第三位的是 F03D3 大组，专利数量为 2796 件；排在第四位的是 A63F7 大组，专利数量为 2655 件；排在第五位的是 F03D1 大组，专利数量为 2414 件。

表 5 - 18　全球制动系统专利技术领域分布（大组）

排名	国际专利分类号（IPC）大组	专利数量/件
1	F03D7：风力发动机的控制（电能的供给或分配入 H02J，例如网络中调整、消除或补偿无功功率的装置入 H02J3/18；发电机的控制入 H02P，例如用于取得所需输出值的发电机的控制装置入 H02P9/00）［2006.01］	7099
2	F03D9：特殊用途的风力发动机；风力发动机与受它驱动的装置的组合（与由风提供动力的车辆推进单元相结合的装置入 B60K16/00；以与风力发动机相结合为特征的泵入 F04B17/02）；安装于特定场所的风力发动机（产生电能的混合风力光伏能源系统入 H02S10/12）［2016.01］	2900

排名	国际专利分类号（IPC）大组	专利数量/件
3	F03D3：具有基本上与进入发动机的气流垂直的旋转轴线的风力发动机（其控制入 F03D7/06）[2006.01]	2796
4	A63F7 玩小型运动物体，如球、圆盘、方块的室内游戏（棋盘游戏，抽彩游戏入 A63F3/00；轮盘赌入 A63F5/00；使用具有二维或多维与游戏有关显示图像的电子显示器的游戏方面入 A63F13/00；微型滚木球游戏入 A63D3/00；弹球或类似游戏入 A63D13/00；台球、落袋台球游戏入 A63D15/00）[2006.01]	2655
5	F03D1：具有基本上与进入发动机的气流平行的旋转轴线的风力发动机（其控制入 F03D7/02）[2006.01]	2414
6	F03D11：不包含在本小类其他组中或与本小类其他组无关的零件、部件或附件	2277
7	H02J3：交流干线或交流配电网络的电路装置 [2006.01]	1950
8	H02P9：用于取得所需输出值的发电机的控制装置 [2006.01]	1063
9	F03D80：不包含在组 F03D1/00 ～ F03D17/00 中的零件、组件或附件 [2016.01]	1041
10	H01M10：二次电池；及其制造	960

5.2.8 主要申请人制动系统专利分析

5.2.8.1 通用电气公司

1. 专利申请趋势

图 5 - 19 展示的是通用电气公司制动系统全球专利申请量在 2013—2022 年的发展趋势。通过申请趋势可以从宏观层面把握分析对象在这一阶段的专利申请热度变化。由图可以看出，2013—2022 年，通用电气公司制动系统全球专利申请量整体呈逐年减少态势，2013 年专利申请量为 263 件，2022 年专利申请量为 38 件。

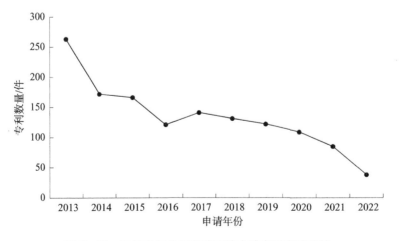

图 5 - 19　通用电气公司制动系统全球专利申请趋势

2. 专利法律状态

经过检索，获得通用电气公司制动系统全球专利共 2581 件。图 5 - 20 展示的是这些专利处于有效、失效、审中等状态的占比情况。由图可知，有效专利 1125 件，占专利总数的 43.6%；失效专利 684 件，占专利总数的 26.5%；审中专利 357 件，占专利总数的 13.8%；法律状态未知的专利 271 件，占专利总数的 10.5%；PCT 指定期满专利 141 件，占专利总数的 5.5%；PCT 指定期内专利 3 件，占专利总数的 0.1%。

3. 专利类型

图 5 - 21 展示的是通用电气公司制动系统专利类型分布。其中，发明专利 2570 件，占总数的 99.6%；实用新型专利 7 件，占总数的 0.3%；外观设计专利 4 件，占总数的 0.1%。

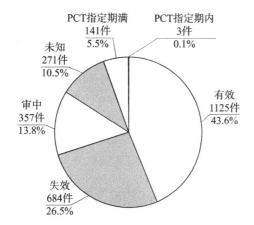

图 5 - 20　通用电气公司制动系统
专利法律状态分布

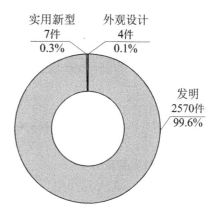

图 5 - 21　通用电气公司制动系统
专利类型分布

4. 专利技术来源国家或地区排名

图 5 - 22 所示为通用电气公司制动系统专利技术来源国家或地区排名。美国排在第一位，说明通用电气公司制动系统专利技术主要来源国是美国。

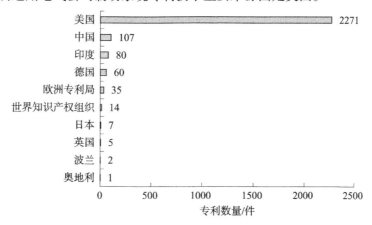

图 5 - 22　通用电气公司制动系统专利技术来源国家或地区排名

5. 专利目标市场排名

图5-23所示为通用电气公司制动系统专利技术目标市场排名。不难看出，美国、欧洲、中国、印度、丹麦、世界知识产权组织、西班牙、加拿大等是该技术的重点布局所在。

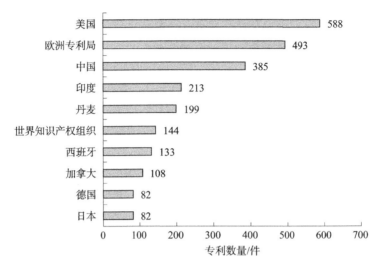

图5-23 通用电气公司制动系统专利技术目标市场排名

6. 专利技术构成分析

表5-19展示的是通用电气公司制动系统专利主要技术构成及数量分布情况。通过分析，可以了解分析对象覆盖的技术类别及各技术分支的创新热度。对这些专利按照国际专利分类号（IPC）进行统计的结果显示，F03D7大组的专利数量最多，为730件；其次是H02J3大组，专利数量为174件；并列排在第三位的是F03D1大组和F03D11大组，专利数量为125件；排在第五位的是H02P9大组，专利数量为109件。

表5-19 通用电气公司制动系统专利技术领域分布（大组）

排名	国际专利分类号（IPC）大组	专利数量/件
1	F03D7：风力发动机的控制（电能的供给或分配入H02J，例如网络中调整、消除或补偿无功功率的装置入H02J3/18；发电机的控制入H02P，例如用于取得所需输出值的发电机的控制装置入H02P9/00）[2006.01]	730
2	H02J3：交流干线或交流配电网络的电路装置 [2006.01]	174
3	F03D1：具有基本上与进入发动机的气流平行的旋转轴线的风力发动机（其控制入F03D7/02）[2006.01]	125
3	F03D11：不包含在本小类其他组中或与本小类其他组无关的零件、部件或附件	125
5	H02P9：用于取得所需输出值的发电机的控制装置 [2006.01]	109
6	F03D9：特殊用途的风力发动机；风力发动机与受它驱动的装置的组合（与由风提供动力的车辆推进单元相结合的装置入B60K16/00；以与风力发动机相结合为特征的泵入F04B17/02）；安装于特定场所的风力发动机（产生电能的混合风力光伏能源系统入H02S10/12）[2016.01]	84

排名	国际专利分类号（IPC）大组	专利数量/件
7	F03D17：风力发动机的监控或测试，例如诊断（试车过程中的测试入 F03D13/30）[2016.01]	67
8	G05B23：控制系统或其部件的检验或监视（程序控制系统的监视入 G05B19/048，G05B19/406）[2006.01]	46
9	G05B19：程序控制系统（特殊应用见有关位置，例如 A47L15/46；附带或内装有在预定时间间隔操作任一器件的装置的时钟入 G04C23/00；记录或读取数字信息的记录载体入 G06K；信息存储器入 G11；在程序执行完后自动终止其运行的时间或时间程序开关入 H01H43/00）[2006.01]	31
10	G06Q10：行政；管理 [2023.01]	29

5.2.8.2　西门子公司

1. 专利申请趋势

图 5-24 展示的是西门子公司制动系统全球专利申请量在 2013—2022 年的发展趋势。通过申请趋势可以从宏观层面把握分析对象在这一阶段的制动系统专利申请热度变化。由图可以看出，2013—2016 年，西门子公司制动系统全球专利申请量逐年减少，2013 年专利申请量为 95 件，2016 年专利申请量为 57 件；2016—2020 年，西门子公司制动系统全球专利申请量呈现波动增加趋势，2020 年专利申请量为 94 件；2020—2022 年，西门子公司制动系统全球专利呈现快速减少趋势，2022 年专利申请量为 26 件。

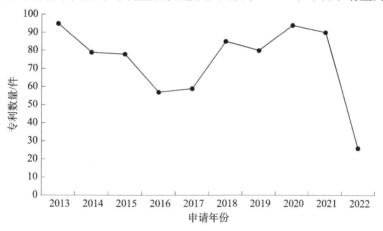

图 5-24　西门子公司制动系统全球专利申请趋势

2. 专利法律状态

经过检索，获得西门子公司制动系统全球专利共 1549 件。图 5-25 展示的是这些专利处于有效、失效、审中等状态的占比情况。由图可知，失效专利 609 件，占专利总数的 39.3%；有效专利 453 件，占专利总数的 29.2%；审中专利 171 件，占专利总数的 11.0%；PCT 指定期满专利 154 件，占专利总数的 9.9%；法律状态未知的专利 132 件，占专利总数的 8.5%；PCT 指定期内专利 30 件，占专利总数的 1.9%。

3. 专利类型

图 5 - 26 展示的是西门子公司制动系统专利类型分布。其中，发明专利 1531 件，占总数的 98.8%；实用新型专利 18 件，占总数的 1.2%。

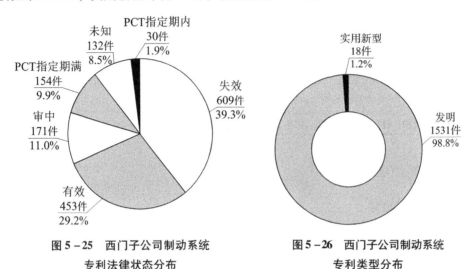

图 5 - 25　西门子公司制动系统
专利法律状态分布

图 5 - 26　西门子公司制动系统
专利类型分布

4. 专利技术来源国家或地区排名

图 5 - 27 所示为西门子公司制动系统专利技术来源国家或地区排名。美国排在第一位，说明西门子公司制动系统专利技术主要来源国是美国。

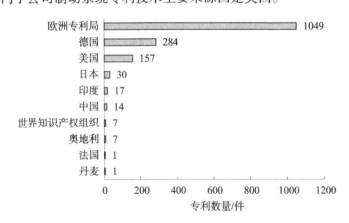

图 5 - 27　西门子公司制动系统专利技术来源国家或地区排名

5. 专利目标市场排名

图 5 - 28 所示为西门子公司制动系统专利技术目标市场排名。不难看出，欧洲、中国、世界知识产权组织、美国、德国等是该技术的重点布局所在。

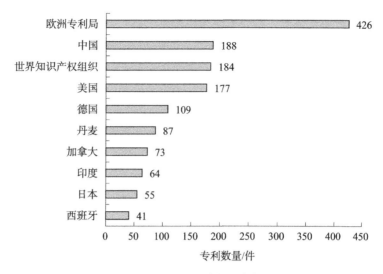

图 5 – 28　西门子公司制动系统专利技术目标市场排名

6. 专利技术构成分析

表 5 – 20 展示的是西门子公司制动系统专利主要技术构成及数量分布情况。通过分析，可以了解分析对象覆盖的技术类别及各技术分支的创新热度。对这些专利按照国际专利分类号（IPC）进行统计的结果显示，F03D7 大组的专利数量最多，为 267件；其次是 H02J3 大组，专利数量为 93 件；排在第三位的是 F03D11 大组，专利数量为 79 件；排在第四位的是 H02K1 大组，专利数量为 71 件；并列排在第五位的是F03D80 大组和 G05B13 大组，专利数量为 50 件。

表 5 – 20　西门子公司制动系统专利技术领域分布（大组）

排名	国际专利分类号（IPC）大组	专利数量/件
1	F03D7：风力发动机的控制（电能的供给或分配入 H02J，例如网络中调整、消除或补偿无功功率的装置入 H02J3/18；发电机的控制入 H02P，例如用于取得所需输出值的发电机的控制装置入 H02P9/00）［2006.01］	267
2	H02J3：交流干线或交流配电网络的电路装置［2006.01］	93
3	F03D11：不包含在本小类中其他组中或与本小类其他组无关的零件、部件或附件	79
4	H02K1：磁路零部件（继电器磁路入 H01H50/16）［2006.01］	71
5	F03D80：不包含在组 F03D1/00 ～ F03D17/00 中的零件、组件或附件［2016.01］	50
5	G05B13：自适应控制系统，即系统按照一些预定的准则自动调整自己使之具有最佳性能的系统（G05B19/00 优先；机器学习 G06N 20/00）［2006.01］	50
7	F03D1：具有基本上与进入发动机的气流平行的旋转轴线的风力发动机（其控制入F03D7/02）［2006.01］	48

排名	国际专利分类号（IPC）大组	专利数量/件
8	F03D9：特殊用途的风力发动机；风力发动机与受它驱动的装置的组合（与由风提供动力的车辆推进单元相结合的装置入 B60K16/00；以与风力发动机相结合为特征的泵入 F04B17/02）；安装于特定场所的风力发动机（产生电能的混合风力光伏能源系统入 H02S10/12）［2016.01］	46
9	H02P9：用于取得所需输出值的发电机的控制装置［2006.01］	44
10	H02K7：结构上与电机连接用于控制机械能的装置，例如结构上与机械的驱动机或辅助电机连接［2006.01］	33

5.2.8.3 SANYO PRODUCT CO.，LTD.

1. 专利申请趋势

图 5-29 展示的是 SANYO PRODUCT CO.，LTD. 制动系统全球专利申请量在 2013—2022 年的发展趋势。通过申请趋势可以从宏观层面把握分析对象在这一阶段的制动系统专利申请热度变化。由图可以看出，2013—2018 年，SANYO PRODUCT CO.，LTD. 制动系统全球专利申请量呈平稳增加趋势，其中 2017 年和 2018 年的专利申请量较 2015 年略有下降，但总体是增加的；2018—2020 年，SANYO PRODUCT CO.，LTD. 制动系统全球专利申请量快速增加，2020 年达到峰值，专利申请量为 322 件；2020—2022 年，SANYO PRODUCT CO.，LTD. 制动系统全球专利申请量呈现快速减少趋势，2022 年专利申请量为 98 件。

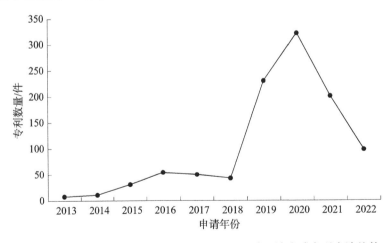

图 5-29 SANYO PRODUCT CO.，LTD. 制动系统全球专利申请趋势

2. 专利法律状态

经过检索，获得 SANYO PRODUCT CO.，LTD. 制动系统全球专利共 1131 件。图 5-30 展示的是 SANYO PRODUCT CO.，LTD. 制动系统专利处于有效、失效、审中等状态的占比情况。由图可知，审中专利 590 件，占专利总数的 52.2%；失效专利 330

件，占专利总数的 29.2%；有效专利 211 件，占专利总数的 18.7%。

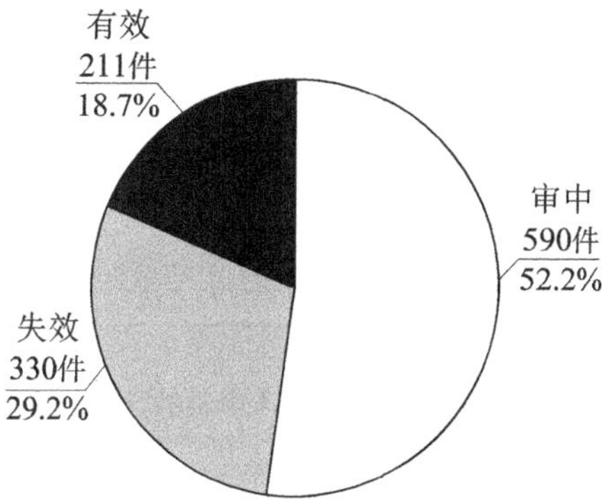

图 5-30　SANYO PRODUCT CO.，LTD. 制动系统专利法律状态分布

3. 专利类型

SANYO PRODUCT CO.，LTD. 的 1131 件制动系统专利均为发明专利。

4. 专利技术来源国家或地区排名

SANYO PRODUCT CO.，LTD. 的 1131 件制动系统专利技术均来源于日本，即该专利技术来源国为日本。

5. 专利目标市场排名

SANYO PRODUCT CO.，LTD. 制动系统专利技术目标市场均为日本。

6. 专利技术构成分析

对 SANYO PRODUCT CO.，LTD. 制动系统专利按照国际专利分类号（IPC）进行统计的结果显示，1131 件专利均属于 A63F7 大组。

5.2.9　高被引专利

表 5-21 列出了 10 个制动系统高被引专利，并按施引专利申请数量进行排名。表 5-22～表 5-31 列出了其详细信息。

表 5-21　制动系统高被引专利

序号	申请号	专利名称	引文数量/篇	施引专利申请数量/个
1	US14218923	特征检测方法及系统	108	1241
2	US13733634	基于服务器的控制系统和方法	12	948
3	US09466010	车内后视镜声音处理系统	53	832
4	US09975572	太阳能模块的安装方法及夹子	21	780
5	US13905392	电动机的有源电压控制器	25	693
6	US15919170	用于极其高效的图像和模式识别和人工智能平台的系统和方法	101	690
7	US14157540	自治社区车辆商业网络和社区	1183	653

序号	申请号	专利名称	引文数量/篇	施引专利申请数量/个
8	US13781303	Z 网站和 Z 因子在分析、搜索引擎、学习、识别、自然语言和其他实用程序中的应用	109	652
9	US12840059	能源管理系统及方法	28	642
10	US12502041	电动汽车充电和电源管理的系统和方法	15	621

表 5-22　US14218923 申请的详细信息

专利名称	特征检测方法及系统		
申请号	US14218923	申请日	2014/3/18
公开（公告）号	US9916538B2	公开（公告）日	2018/3/13
摘要	规范涵盖了新的算法、方法和系统，用于人工智能，软计算和深度学习或识别｛例如图像识别［动作识别、手势识别、情感识别、表情识别、生物识别、指纹识别、面部识别、OCR（文本）识别］，背景识别、关系识别、位置识别、模式和对象识别｝。大数据分析，机器学习，培训方案，众包（专家），特征空间，聚类，分类，SVM，相似性度量，改进的 Boltzmann 机器，优化，搜索引擎，排名，问题解答系统，语言的软性（模糊或不清晰）边界/不精确/模糊性/模糊性，自然语言处理（NLP），单词计算（CWW），解析，机器翻译，声音和语音识别，视频搜索和分析（例如跟踪），图像注释，几何抽象，图像校正，语义网，上下文分析，数据可靠性，Z 编号，Z-Web，Z 因子，规则引擎，控制系统，自动驾驶汽车，自我诊断和自我修复机器人，系统诊断，医学诊断，生物医学，数据挖掘，事件预测，财务预测，经济学，风险评估，电子邮件管理，数据库管理，索引和加入操作，内存管理，数据压缩，以事件为中心的社交网络，图像广告网络		

表 5-23　US13733634 申请的详细信息

专利名称	基于服务器的控制系统和方法		
申请号	US13733634	申请日	2013/1/3
公开（公告）号	US20130201316A1	公开（公告）日	2013/8/8
摘要	一种建筑物或车辆中用于根据控制逻辑响应传感器的致动器操作系统和方法，该系统包括路由器或网关，该路由器或网关通过与传感器相关联的设备和与致动器相关联的设备在内部进行通信。建筑物或车载网络，以及与控制逻辑相关联的外部 Internet 连接的控制服务器，实现 PID 闭环线性控制环，并通过外部网络与路由器进行通信，以控制建筑物或车内现象。传感器可以是麦克风或照相机，并且系统可以包括语音或图像处理作为控制逻辑的一部分。通过使用多个传感器或执行器，或通过建筑物或车辆内部或外部通信中的多个数据路径来使用冗余		

表 5 – 24　US09466010 申请的详细信息

专利名称	车内后视镜声音处理系统		
申请号	US09466010	申请日	1999/12/17
公开（公告）号	US6420975B1	公开（公告）日	2002/7/16
摘要	提供数字声音处理器以增强由诸如蜂窝电话、紧急通信设备或其他音频设备之类的车辆音频系统处理的信号的声音与非声音的噪声比。可选地，提供指示器以与车辆音频系统一起使用，以便向音频系统的用户提供与来自用户的语音信号的接收质量有关的状态信号。音频系统的麦克风可以被安装在附件模块内，该附件模块可以被安装到车辆挡风玻璃的内表面。附件模块提供麦克风的固定方向，并且可以在制造时或作为售后设备轻松安装到车辆上。指示器可以安装在附件模块处或后视镜组件处的其他位置		

表 5 – 25　US09975572 申请的详细信息

专利名称	太阳能模块的安装方法及夹子		
申请号	US09975572	申请日	2001/10/12
公开（公告）号	US20030070368A1	公开（公告）日	2003/4/17
摘要	太阳能收集器阵列由安装在支撑梁制成的框架上的多个太阳能面板形成，支撑梁可以是金属板通道构件。将丁基胶带或其他玻璃材料施加在太阳能电池板的后层板和梁之间。夹子用于将面板固定到支撑梁上。夹子具有在轮廓上通常为 T 形的上部，以及呈通道螺母或杆形式的保持器，该保持器具有容纳螺栓或类似螺纹紧固件的螺纹孔。定位器偏向通道支撑梁的向内凸缘。电线和机械紧固件隐藏在支撑梁内		

表 5 – 26　US13905392 申请的详细信息

专利名称	电动机的有源电压控制器		
申请号	US13905392	申请日	2013/5/30
公开（公告）号	US9240740B2	公开（公告）日	2016/1/19
摘要	一种用于控制电动机的方法。在电动机的运行期间确定电动机的期望速度。识别出电压以使电动机以期望的速度旋转。电压被施加到电动机并且在电动机的运行期间被主动地控制		

表 5 – 27 US15919170 申请的详细信息

专利名称	用于极其高效的图像和模式识别和人工智能平台的系统和方法		
申请号	US15919170	申请日	2018/3/12
公开（公告）号	US11074495B2	公开（公告）日	2021/7/27
摘要	规范涵盖以下方面的新算法、方法和系统：人工智能；通用人工智能的第一个应用（与特定人工智能、垂直人工智能或狭义人工智能相比）（人类可以这样做）；向学习模块/引擎/层添加推理、推理和认知层/引擎；软计算；信息原理；分层；增量放大原则；深层/细节识别，例如图像识别（对于动作、手势、情绪、表情、生物特征、指纹、倾斜或部分面部、OCR、关系、位置、模式和对象）；大数据分析；机器学习；众包；分类；聚类；支持向量机；相似性度量；增强型玻尔兹曼机；增强型卷积神经网络；优化；搜索引擎；排行；语义网；上下文分析；问答系统；柔软的、模糊或不清晰的边界/不精确/歧义/类别或集合中的模糊性，例如，用于语言分析；自然语言处理（NLP）；用词计算（CWW）；解析；机器翻译；音乐、声音、语音或说话人识别；视频搜索和分析（例如跟踪）；图像注释；图像或色彩校正；数据可靠性；Z–编号；Z–Web；Z 因子；规则引擎；玩游戏；控制系统；自动驾驶汽车或无人机；自我诊断和自我修复机器人；系统诊断；医学诊断；遗传学；药物发现；生物医学；数据挖掘；事件预测；财务预测（例如股票）；经济学；风险评估；欺诈检测（例如对于加密货币）；电子邮件管理；数据库管理；索引和连接操作；内存管理；数据压缩；以事件为中心的社交网络；社会行为；和图像广告和推荐网络		

表 5 – 28 US14157540 申请的详细信息

专利名称	自治社区车辆商业网络和社区		
申请号	US14157540	申请日	2014/1/17
公开（公告）号	US9373149B2	公开（公告）日	2016/6/21
摘要	公开了一种可通过社区社交网络控制的自治社区车辆。在一个实施例中，自治的邻域车辆可以自治地导航到由邻域社交网络的用户指定的目的地。在一个实施例中，自治邻域车辆的计算机系统通过无线网络通信地耦合到邻域社交网络，以自治地导航到由邻域社交网络的用户指定的目的地。导航服务器为自治邻域车辆提供遥感功能。基于特定用户的个人地址隐私偏好，将特定用户的信息从邻域社交网络传送至第三方应用		

表 5 – 29 US13781303 申请的详细信息

专利名称	Z 网站和 Z 因子在分析、搜索引擎、学习、识别、自然语言和其他实用程序中的应用		
申请号	US13781303	申请日	2013/2/28
公开（公告）号	US8873813B2	公开（公告）日	2014/10/28
摘要	训练样本，提取数据或样式（从视频、图像等），编辑视频或图像等。Z 因子包括与 Z 网中的每个 Z 节点相关联的可靠性因子，置信度因子，专业知识因子，偏差因子等		

表 5 - 30　US12840059 申请的详细信息

专利名称	能源管理系统及方法		
申请号	US12840059	申请日	2010/7/20
公开（公告）号	US8509954B2	公开（公告）日	2013/8/13
摘要	公开了一种迁移虚拟化环境的系统和方法。根据本公开的一方面，家庭能源管理系统和方法包括数据库，该数据库被配置为存储在每个站点使用无线家庭能量网络从多个住宅站点接收的站点报告数据。每个住宅站点都包括一个可用于无线家庭能源网络的恒温器。处理器可操作地耦合到数据库，并且配置为访问站点报告数据并检测第一住宅站点处的恒温器的当前温度设定点。检测恒温器的第一个季节性变化；检测可操作地连接至恒温器的 HVAC 系统的当前操作模式；并使用第一季节曲线和 HVAC 系统的当前运行模式确定恒温器的恒温器时间表		

表 5 - 31　US12502041 申请的详细信息

专利名称	电动汽车充电和电源管理的系统和方法		
申请号	US12502041	申请日	2009/7/13
公开（公告）号	US9853488B2	公开（公告）日	2017/12/26
摘要	提供了用于给电动车辆充电以及用于电力需求的定量和定性负载平衡的系统和方法		

5.3　偏航系统

5.3.1　技术研究背景

风力发电机组的偏航系统是风能转换过程中的一个重要环节，主要用于保持风轮旋转方向和对风能进行最大化利用。偏航系统的主要作用是，当风速矢量的方向变化时，风力发电机组通过偏航系统跟踪风向变化，驱动机舱绕塔架中心线旋转，使风轮扫风面与风向保持垂直，以便叶片最大限度捕获风能。❶

在风力发电机组早期，偏航系统是基于机械设计的。例如，将风轮的尾部与方向传感器相连接，当风轮偏离预设方向时，通过控制电机使风轮重新对准风的方向。然而，这种机械设计不仅过于简单，而且精度不高，在复杂的气象环境和运行条件下无法提供有效的响应。

为了提高风力发电机组的发电效率和运行稳定性，偏航系统逐渐转向电子化和智能化控制。随着计算机技术和控制系统的不断发展，偏航系统逐渐实现了自动化和智能化控制，偏航系统的控制方式也逐渐从人工操作转向电子控制和自动控制。现代的偏航系统通常由风向传感器、控制器和电动机等组成，可以实现自适应控制、智能调节等功能，从而使得风力发电机组更加高效稳定。

---

❶　孙宝会，龚波涛，刘俊，等. 风力发电机组偏航系统典型问题分析及改进［C］//中国农业机械工业协会风力机械分会. 第九届中国风电后市场交流合作大会论文集，2022.

随着风力发电技术的不断进步，偏航系统的研究和发展也在不断进行。未来的偏航系统将更加注重精度、响应速度和可靠性，并且在智能化和自适应控制方面将有更大的发展空间。

5.3.2　技术发展历程

20 世纪 70 年代，风力发电开始得到广泛应用，最初的偏航系统是基于机械设计的。这种机械偏航系统可以通过对风轮进行机械调整来对准风向，但是由于调整过程需要手动完成，响应速度和精度都较低。

随着计算机技术和控制系统的发展，风力发电机组的偏航系统开始电子化和智能化。20 世纪 80 年代，数字控制技术开始应用于风力发电机组的偏航系统，可以通过控制器和电机来实现风轮的自动偏航。这种数字控制技术在 20 世纪 90 年代得到广泛应用，风力发电机组的偏航系统得到进一步的提升。

随着人工智能和机器学习等技术的发展，偏航系统的智能化和自适应控制能力得到了提高。例如，利用人工智能技术对气象数据进行分析和预测，可以使偏航系统更加智能地响应不同的气象环境和气流变化。同时，利用机器学习技术，可以通过对历史数据的分析和建模实现更加精确的偏航控制和风能利用。

现代的风力发电机组偏航系统已经实现了自适应控制、智能调节和故障检测等功能。未来，随着科技的不断发展，偏航系统的智能化和自适应控制能力将进一步提高，从而更好地满足不同气象环境和运行条件下的风能转换需求。

5.3.3　全球市场规模

根据市场调研公司 MARKET RESEARCH FUTURE 发布的报告，2019 年全球风力发电机组偏航系统市场规模约为 17 亿美元，预计到 2025 年将达到 24 亿美元，年复合增长率为 5.5%。

随着可再生能源市场的增长和政府对清洁能源的支持，风力发电机组偏航系统的市场需求也在不断增长。同时，随着风力发电机组技术的不断升级，偏航系统也在不断改进，具有更高的自适应控制能力和故障诊断能力，进一步推动市场的发展。

从地区分布来看，欧洲和北美地区是风力发电机组偏航系统市场的主要消费地区，占据了市场份额的大部分。同时，亚太地区的市场需求也在不断增长，预计将成为未来的一个重要市场。

随着全球能源转型的推进，风力发电机组偏航系统的市场需求将继续增长，未来的市场前景值得期待。

5.3.4　全球专利申请趋势

图 5 −31 展示的是偏航系统全球专利申请量在 2013—2022 年的发展趋势。通过申

请趋势可以从宏观层面把握分析对象在这一阶段的专利申请热度变化。由图可以看出，2013—2020 年，偏航系统全球专利申请量呈稳定增加趋势，2013 年专利申请量为 1635 件，2020 年专利申请量达到峰值，为 2556 件；2020—2022 年，偏航系统全球专利申请量有所下降，2022 年专利申请量降至 1402 件。

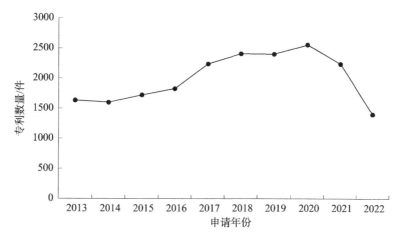

图 5-31　偏航系统全球专利申请趋势

5.3.5　全球专利主要来源国家或地区

图 5-32 展示了偏航系统全球专利在主要申请国家或地区的数量分布情况。由图可以看出，中国、美国、欧洲专利局是偏航系统全球专利重点申请国家或地区，数量分别为 9290 件、8575 件、3018 件。紧跟其后的是丹麦 2762 件，日本 2722 件。

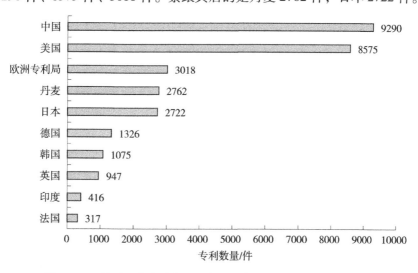

图 5-32　偏航系统全球专利在主要申请国家或地区的数量分布

这一情况表明，中国、美国、欧洲等国家和地区是偏航系统全球专利布局的主要区域，企业可以跟踪、引进和消化该领域技术，在此基础上实现技术突破。

5.3.6 全球专利申请人分析

表 5-32 展示的是按照所属申请人（专利权人）的专利数量统计的偏航系统全球专利主要申请人排名情况。通过分析，可以发现通用电气公司等主体是偏航系统技术创新成果积累较多的专利申请人，其专利竞争实力较强。

表 5-32 偏航系统全球专利主要申请人排名

排名	申请人	专利数量/件
1	通用电气公司	2722
2	VESTAS WIND SYSTEMS A/S	1733
3	西门子公司	1591
4	三菱重工业株式会社	752
5	维斯塔斯风力系统有限公司	724
6	北京金风科创风电设备有限公司	609
7	株式会社日立制作所	312
8	远景能源有限公司	300
9	通用电气可再生能源西班牙有限公司	280
10	新疆金风科技股份有限公司	260

5.3.7 全球专利技术构成分析

表 5-33 展示的是偏航系统全球专利主要技术构成及数量分布情况。通过分析，可以了解分析对象覆盖的技术类别及各技术分支的创新热度。对这些专利按照国际专利分类号（IPC）进行统计的结果显示，F03D7 大组的专利数量最多，为 6913 件；其次是 F03D1 大组，专利数量为 2309 件；排在第三位的是 F03D9 大组，专利数量为 2027 件；排在第四位的是 F03D11 大组，专利数量为 1957 件；排在第五位的是 F03D80 大组，专利数量为 1724 件。

表 5-33 全球偏航系统专利技术领域分布（大组）

排名	国际专利分类号（IPC）大组	专利数量/件
1	F03D7：风力发动机的控制（电能的供给或分配入 H02J，例如网络中调整、消除或补偿无功功率的装置入 H02J3/18；发电机的控制入 H02P，例如用于取得所需输出值的发电机的控制装置入 H02P9/00）〔2006.01〕	6913
2	F03D1：具有基本上与进入发动机的气流平行的旋转轴线的风力发动机（其控制入 F03D7/02）〔2006.01〕	2309
3	F03D9：特殊用途的风力发动机；风力发动机与受它驱动的装置的组合（与由风提供动力的车辆推进单元相结合的装置入 B60K16/00；以与风力发动机相结合为特征的泵入 F04B17/02）；安装于特定场所的风力发动机（产生电能的混合风力光伏能源系统入 H02S10/12）〔2016.01〕	2027

排名	国际专利分类号（IPC）大组	专利数量/件
4	F03D11：不包含在本小类其他组中或与本小类其他组无关的零件、部件或附件	1957
5	F03D80：不包含在组 F03D1/00 ～ F03D17/00 中的零件、组件或附件［2016.01］	1724
6	F03D17（风力发动机的监控或测试，例如诊断）	1103
7	F03D13：风力发动机的装配、安装或试运行，适用于运输风力发动机部件的配置［2016.01］	995
8	F03D3：具有基本上与进入发动机的气流垂直的旋转轴线的风力发动机（其控制入 F03D7/06）［2006.01］	684
9	H02J3：交流干线或交流配电网络的电路装置［2006.01］	477
10	G05D1：陆地、水上、空中或太空中的运载工具的位置、航道、高度或姿态的控制，例如自动驾驶仪（无线电导航系统或使用其他波的类似系统入 G01S）［2006.01］	444

5.3.8　主要申请人偏航系统专利分析

5.3.8.1　通用电气公司

1. 专利申请趋势

图 5 – 33 展示的是通用电气公司偏航系统全球专利申请量在 2013—2022 年的发展趋势。通过申请趋势可以从宏观层面把握分析对象在这一阶段的专利申请热度变化。由图可以看出，2013—2016 年，通用电气公司偏航系统全球专利申请量逐年减少，2013 年专利申请量为 169 件，2016 年专利申请量为 107 件；2016—2018 年，通用电气公司偏航系统全球专利申请量呈现快速增加趋势，2018 年达到峰值，专利申请量为 215 件；2018—2022 年，通用电气公司偏航系统全球专利申请量呈现快速下降趋势，2022 年专利申请量为 46 件。

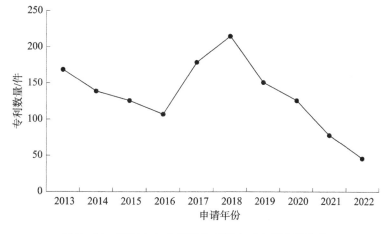

图 5 – 33　通用电气公司偏航系统全球专利申请趋势

2. 专利法律状态

经过检索，获得通用电气公司偏航系统全球专利共 2722 件。图 5-34 展示的是这些专利处于有效、失效、审中等状态的占比情况。由图可知，有效专利 1188 件，占专利总数的 43.6%；失效专利 688 件，占专利总数的 25.3%；审中专利 382 件，占专利总数的 14.0%；法律状态未知的专利 365 件，占专利总数的 13.4%；PCT 指定期满专利 97 件，占专利总数的 3.6%；PCT 指定期内专利 2 件，占专利总数的 0.1%。

3. 专利类型

图 5-35 展示的是通用电气公司偏航系统专利类型分布。其中，发明专利 2713 件，占总数的 99.7%；实用新型专利 9 件，占专利总数的 0.3%。

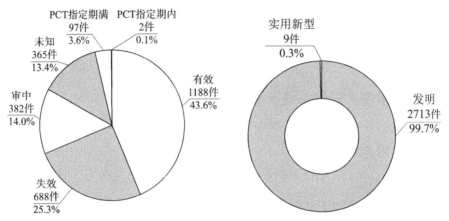

图 5-34 通用电气公司偏航系统
专利法律状态分布

图 5-35 通用电气公司偏航系统
专利类型分布

4. 专利技术来源国/地区排名

图 5-36 所示为通用电气公司偏航系统专利技术来源国家或地区排名。美国排在第一位，说明通用电气公司偏航系统专利技术主要来源国是美国。

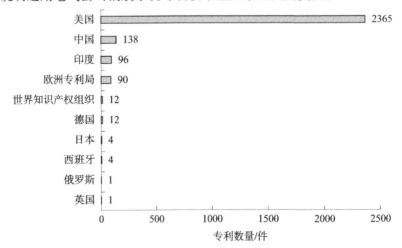

图 5-36 通用电气公司偏航系统专利技术来源国家或地区排名

5. 专利目标市场排名

图 5-37 所示为通用电气公司偏航系统专利技术目标市场排名。不难看出，美国、欧洲专利局、中国、丹麦、印度、西班牙等是该技术的重点布局所在。

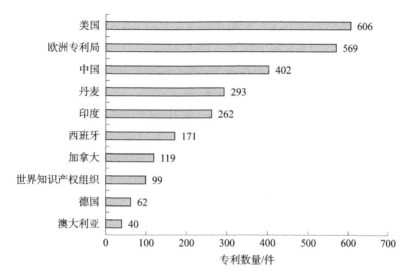

图 5-37 通用电气公司偏航系统专利技术目标市场排名

6. 专利技术构成分析

表 5-34 展示的是通用电气公司偏航系统全球专利主要技术构成及数量分布情况。通过分析，可以了解分析对象覆盖的技术类别及各技术分支的创新热度。对这些专利按照国际专利分类号（IPC）进行统计的结果显示，F03D7 大组的专利数量最多，为907 件；其次是 F03D11 大组，专利数量为 234 件；排在第三位的是 F03D1 大组，专利数量为 227 件；排在第四位的是 F03D80 大组，专利数量为 166 件；排在第五位的是F03D17 大组，专利数量为 105 件。

表 5-34 通用电气公司偏航系统专利技术领域分布（大组）

排名	国际专利分类号（IPC）大组	专利数量/件
1	F03D7 风力发动机的控制（电能的供给或分配入 H02J，例如网络中调整、消除或补偿无功功率的装置入 H02J3/18；发电机的控制入 H02P，例如用于取得所需输出值的发电机的控制装置入 H02P9/00）[2006.01]	907
2	F03D11：不包含在本小类其他组中或与本小类其他组无关的零件、部件或附件	234
3	F03D1 具有基本上与进入发动机的气流平行的旋转轴线的风力发动机（其控制入 F03D7/02）[2006.01]	227
4	F03D80：不包含在组 F03D1/00 ~ F03D17/00 中的零件、组件或附件 [2016.01]	166
5	F03D17：风力发动机的监控或测试，例如诊断（试车过程中的测试入 F03D13/30）[2016.01]	105

排名	国际专利分类号（IPC）大组	专利数量/件
6	F03D9：特殊用途的风力发动机；风力发动机与受它驱动的装置的组合（与由风提供动力的车辆推进单元相结合的装置入 B60K16/00；以与风力发动机相结合为特征的泵入 F04B17/02）；安装于特定场所的风力发动机（产生电能的混合风力光伏能源系统入 H02S10/12）［2016.01］	93
7	H02P9：用于取得所需输出值的发电机的控制装置［2006.01］	72
8	H02J3：交流干线或交流配电网络的电路装置［2006.01］	70
9	F03D13：风力发动机的装配、安装或试运行，适用于运输风力发动机部件的配置［2016.01］	62
10	F03D15：机械动力的传送［2016.01］	30

5.3.8.2 VESTAS WIND SYSTEMS A/S

1. 专利申请趋势

图 5-38 展示的是 VESTAS WIND SYSTEMS A/S 偏航系统全球专利申请量在 2013—2022 年的发展趋势。通过申请趋势可以从宏观层面把握分析对象在这一阶段的偏航系统专利申请热度变化。2013—2020 年，VESTAS WIND SYSTEMS A/S 偏航系统全球专利申请量呈逐年波动增加趋势，2013 年专利申请量为 57 件，2020 年专利申请量为 205 件；2020—2022 年，VESTAS WIND SYSTEMS A/S 偏航系统全球专利申请量呈现快速下降趋势，2022 年专利申请量为 29 件。

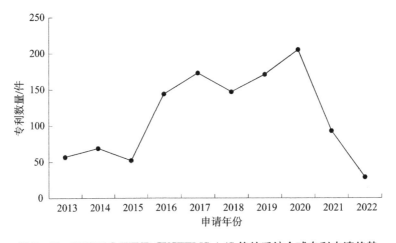

图 5-38 VESTAS WIND SYSTEMS A/S 偏航系统全球专利申请趋势

2. 专利法律状态

经过检索，获得 VESTAS WIND SYSTEMS A/S 偏航系统全球专利共 1733 件。图 5-39 展示的是这些专利处于有效、失效、审中等状态的占比情况。由图可知，有效专利 684 件，占专利总数的 39.5%；PCT 指定期满专利 562 件，占专利总数的

32.4%；审中专利 267 件，占专利总数的 15.4%；失效专利 185 件，占专利总数的 10.7%；PCT 指定期内专利 33 件，占专利总数的 1.9%；法律状态未知的专利 2 件，占专利总数的 0.1%。

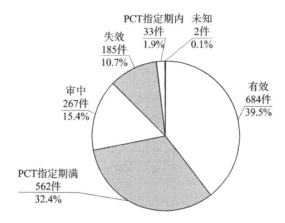

图 5 – 39　VESTAS WIND SYSTEMS A/S
偏航系统专利法律状态分布

3. 专利类型

VESTAS WIND SYSTEMS A/S 的 1733 件偏航系统专利均为发明专利。

4. 专利技术来源国家或地区排名

图 5 – 40 所示为 VESTAS WIND SYSTEMS A/S 偏航系统专利技术来源国家或地区排名。丹麦排在第一位，说明 VESTAS WIND SYSTEMS A/S 偏航系统专利技术主要来源国是丹麦。

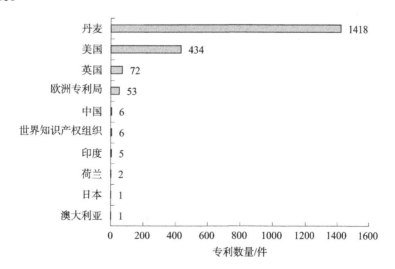

图 5 – 40　VESTAS WIND SYSTEMS A/S 偏航系统专利技术来源国家或地区排名

5. 专利目标市场排名

图 5 – 41 所示为 VESTAS WIND SYSTEMS A/S 偏航系统专利技术目标市场排名。不

难看出，世界知识产权组织、欧洲专利局、美国、西班牙等是该技术的重点布局所在。

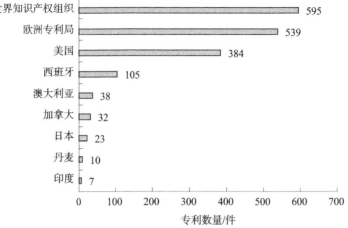

图 5 – 41　VESTAS WIND SYSTEMS A/S 偏航系统专利技术目标市场排名

6. 专利技术构成分析

表 5 – 35 展示的是 VESTAS WIND SYSTEMS A/S 偏航系统专利主要技术构成及数量分布情况。通过分析，可以了解分析对象覆盖的技术类别及各技术分支的创新热度。对这些专利按照国际专利分类号（IPC）进行统计的结果显示，F03D7 大组的专利数量最多，为 669 件；其次是 F03D1 大组，专利数量为 231 件；排在第三位的是 F03D80 大组，专利数量为 156 件；排在第四位是 F03D11 大组，专利数量为 98 件；排在第五位的是 F03D13 大组，专利数量为 97 件。

表 5 – 35　VESTAS WIND SYSTEMS A/S 偏航系统专利技术领域分布（大组）

排名	国际专利分类号（IPC）大组	专利数量/件
1	F03D7：风力发动机的控制（电能的供给或分配入 H02J，例如网络中调整、消除或补偿无功功率的装置入 H02J3/18；发电机的控制入 H02P，例如用于取得所需输出值的发电机的控制装置入 H02P9/00）［2006.01］	669
2	F03D1：具有基本上与进入发动机的气流平行的旋转轴线的风力发动机（其控制入 F03D7/02）［2006.01］	231
3	F03D80：不包含在组 F03D1/00 ～ F03D17/00 中的零件、组件或附件［2016.01］	156
4	F03D11：不包含在本小类其他组中或与本小类其他组无关的零件、部件或附件	98
5	F03D13：风力发动机的装配、安装或试运行，适用于运输风力发动机部件的配置［2016.01］	97
6	H02J3：交流干线或交流配电网络的电路装置［2006.01］	65
7	F03D17：风力发动机的监控或测试，例如诊断（试车过程中的测试入 F03D13/30）［2016.01］	64
8	F03D9：特殊用途的风力发动机；风力发动机与受它驱动的装置的组合（与由风提供动力的车辆推进单元相结合的装置入 B60K16/00；以与风力发动机相结合为特征的泵入 F04B17/02）；安装于特定场所的风力发动机（产生电能的混合风力光伏能源系统入 H02S10/12）［2016.01］	50

续表

排名	国际专利分类号（IPC）大组	专利数量/件
9	F03D15：机械动力的传送［2016.01］	20
10	G05B23：控制系统或其部件的检验或监视（程序控制系统的监视入 G05B19/048，G05B19/406）［2006.01］	13

5.3.8.3　西门子公司

1. 专利申请趋势

图 5－42 展示的是西门子公司偏航系统全球专利申请量在 2013—2022 年的发展趋势。通过申请趋势可以从宏观层面把握分析对象在这一阶段的偏航系统专利申请热度变化。由图可以看出，2013—2016 年，西门子公司偏航系统全球专利申请量逐年减少，2013 年专利申请量为 111 件，2016 年专利申请量为 56 件；2016—2020 年，西门子公司偏航系统全球专利申请量呈现快速增加趋势，2020 年达到峰值，专利申请量为 173 件；2020—2022 年，西门子公司偏航系统全球专利申请量呈现快速下降趋势，2022 年专利申请量为 37 件。

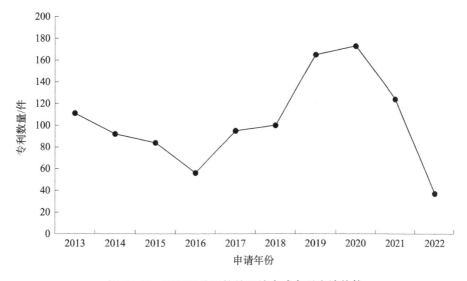

图 5－42　西门子公司偏航系统全球专利申请趋势

2. 专利法律状态

经过检索，获得西门子公司偏航系统全球专利共 1591 件。图 5－43 展示的是这些专利处于有效、失效、审中等状态的占比情况。由图可知，失效专利 571 件，占专利总数的 35.9%；有效专利 421 件，占专利总数的 26.5%；审中专利 247 件，占专利总数的 15.5%；PCT 指定期满专利 182 件，占专利总数的 11.4%；法律状态未知的专利 123 件，占专利总数的 7.7%；PCT 指定期内专利 47 件，占专利总数的 3.0%。

3. 专利类型

图 5 - 44 展示的是西门子公司偏航系统专利类型分布。其中，发明专利 1585 件，占总数的 99.6%；实用新型专利 6 件，占总数的 0.4%。

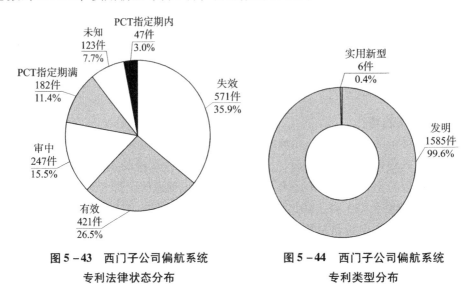

图 5 - 43 西门子公司偏航系统
专利法律状态分布

图 5 - 44 西门子公司偏航系统
专利类型分布

4. 专利技术来源国家或地区排名

图 5 - 45 所示为西门子公司偏航系统专利技术来源国家或地区排名。欧洲专利局排在第一位，说明西门子公司偏航系统专利技术主要来源地区是欧洲地区。

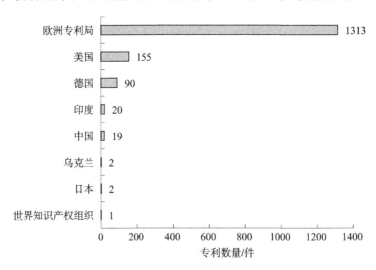

图 5 - 45 西门子公司偏航系统专利技术来源国家或地区排名

5. 专利目标市场排名

图 5 - 46 所示为西门子公司偏航系统专利技术目标市场排名。不难看出，欧洲专利局、美国、世界知识产权组织、中国等是该技术的重点布局所在。

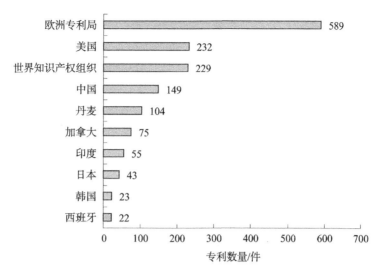

图 5 - 46　西门子公司偏航系统专利技术目标市场排名

6. 专利技术构成分析

表 5 - 36 展示的是西门子公司偏航系统专利主要技术构成及数量分布情况。通过分析，可以了解分析对象覆盖的技术类别及各技术分支的创新热度。对这些专利按照国际专利分类号（IPC）进行统计的结果显示，F03D7 大组的专利数量最多，为 430件；其次是 F03D80 大组，专利数量为 167 件；排在第三位的是 F03D1 大组，专利数量为 152 件；排在第四位的是 F03D11 大组，专利数量为 98 件；排在第五位的是 F03D17大组，专利数量为 86 件。

表 5 - 36　西门子公司偏航系统专利技术领域分布（大组）

排名	国际专利分类号（IPC）大组	专利数量/件
1	F03D7：风力发动机的控制（电能的供给或分配入 H02J，例如网络中调整、消除或补偿无功功率的装置入 H02J3/18；发电机的控制入 H02P，例如用于取得所需输出值的发电机的控制装置入 H02P9/00）[2006.01]	430
2	F03D80：不包含在组 F03D1/00 ~ F03D17/00 中的零件、组件或附件 [2016.01]	167
3	F03D1：具有基本上与进入发动机的气流平行的旋转轴线的风力发动机（其控制入 F03D7/02）[2006.01]	152
4	F03D11：不包含在本小类其他组中或与本小类其他组无关的零件、部件或附件	98
5	F03D17：风力发动机的监控或测试，例如诊断（试车过程中的测试入 F03D13/30）[2016.01]	86
6	F03D13：风力发动机的装配、安装或试运行，适用于运输风力发动机部件的配置 [2016.01]	63
7	F03D9：特殊用途的风力发动机；风力发动机与受它驱动的装置的组合（与由风提供动力的车辆推进单元相结合的装置入 B60K16/00；以与风力发动机相结合为特征的泵入 F04B17/02）；安装于特定场所的风力发动机（产生电能的混合风力光伏能源系统入 H02S10/12）[2016.01]	61

排名	国际专利分类号（IPC）大组	专利数量/件
8	H02K1：磁路零部件（继电器磁路入 H01H50/16）［2006.01］	43
9	H02J3：交流干线或交流配电网络的电路装置［2006.01］	23
10	H02K7：结构上与电机连接用于控制机械能的装置，例如结构上与机械的驱动机或辅助电机连接［2006.01］	17

5.3.9 高被引专利

表 5-37 列出了 10 个偏航系统高被引专利，并按施引专利申请数量进行排名。表 5-38～表 5-47 列出了其详细信息。

表 5-37　偏航系统高被引专利

序号	申请号	专利名称	引文数量/篇	施引专利申请数量/个
1	US13890165	使用无人飞行器网络进行运输	10	1134
2	US10839765	照明方法和系统	200	908
3	US13164926	风力涡轮机和用于风力涡轮机的轴	11	745
4	US11178214	LED 封装方法和系统	93	676
5	US15586199	智能设备	10	620
6	US13245456	带执行器的聚焦模块和组件	267	577
7	US11081020	提供照明系统的方法和系统	95	550
8	US07670268	自行车骑行仿真的系统和方法	33	528
9	US14230322	带执行器的聚焦模块和组件	251	522
10	US14253022	基于检测到的位置和首选项的可配置仪表板显示	5	510

表 5-38　US13890165 申请的详细信息

专利名称	使用无人飞行器网络进行运输		
申请号	US13890165	申请日	2013/5/8
公开（公告）号	US9384668B2	公开（公告）日	2016/7/5
摘要	本文描述的实施例包括具有无人空中运输车辆的运输系统以及用于控制和监视的物流网络。在某些实施例中，地面站提供了在运送车辆、由车辆携带的包裹和使用者之间进行接口的位置。在某些实施例中，输送车辆自主地从一个地面站导航到另一个地面站。在某些实施例中，地面站提供导航辅助，以提高运载工具定位地面站的位置精度		

表 5 - 39　US10839765 申请的详细信息

专利名称	照明方法和系统		
申请号	US10839765	申请日	2004/5/5
公开（公告）号	US7178941B2	公开（公告）日	2007/2/20
摘要	提供了用于照明的方法和系统，包括用于各种环境的高输出线性照明系统。线性照明系统可以包括在高压环境中驱动光源的电力系统		

表 5 - 40　US13164926 申请的详细信息

专利名称	风力涡轮机和用于风力涡轮机的轴		
申请号	US13164926	申请日	2011/6/21
公开（公告）号	US8664792B2	公开（公告）日	2014/3/4
摘要	风力涡轮机的驱动轴被成形为允许轴的增加弯曲，同时适于在风力涡轮机系统中传递扭矩。这种成形的例子是驱动轴，该驱动轴具有在轴的表面上限定的螺旋肋。还描述了包括这种轴的风力涡轮机，以及制造这种轴的方法		

表 5 - 41　US11178214 申请的详细信息

专利名称	LED 封装方法和系统		
申请号	US11178214	申请日	2005/7/8
公开（公告）号	US7646029B2	公开（公告）日	2010/1/12
摘要	提供了用于 LED 模块的方法和系统，该 LED 模块包括集成在 LED 封装中的 LED 管芯，该 LED 管芯具有包括用于控制由 LED 管芯发射的光的电子组件的底座。集成在底座中的电子组件可以包括：驱动器硬件；网络接口；存储器；处理器；开关模式电源；电源设备或另一种类型的电子组件		

表 5 - 42　US15586199 申请的详细信息

专利名称	智能设备		
申请号	US15586199	申请日	2017/5/3
公开（公告）号	US9849364B2	公开（公告）日	2017/12/26
摘要	物联网（IoT）设备包括：连接到处理器的摄像头；无线收发器，耦合到处理器。该设备可以使用区块链智能合约，以促进安全操作		

表 5 - 43　US13245456 申请的详细信息

专利名称	带执行器的聚焦模块和组件		
申请号	US13245456	申请日	2011/9/26
公开（公告）号	US8687282B2	公开（公告）日	2014/4/1
摘要	聚焦模块，包含边界元件和聚焦元件。聚焦元件包括流体和可变形膜，其中流体被截留在边界元件和可变形膜之间。聚焦模块还包括压力元件，该压力元件能够通过沿边界元件的方向压在可变形膜上来使聚焦元件变形		

表 5 - 44　US11081020 申请的详细信息

专利名称	提供照明系统的方法和系统		
申请号	US11081020	申请日	2005/3/15
公开（公告）号	US20060002110A1	公开（公告）日	2006/1/5
摘要	提供了用于照明的方法和系统，包括用于各种环境的高输出线性照明系统。线性照明系统可以包括在高压环境中驱动光源的电力系统		

表 5 - 45　US07670268 申请的详细信息

专利名称	自行车骑行仿真的系统和方法		
申请号	US07670268	申请日	1991/3/14
公开（公告）号	US5240417A	公开（公告）日	1993/8/31
摘要	一种模拟自行车骑行的系统，该系统结合了系统用户可物理操纵的常规外观的自行车。仅提供前后自行车车轮是为了视觉真实性。该模拟系统在自行车的机械操纵与视频显示器之间提供电通信，以响应于用户的踩踏、制动和转向变化而在可变地形轨道上可视地反映速度和自行车位置的变化。特别地，该系统允许自行车同时横向移动和倾斜远离垂直平面，以模拟绕弯道行驶。该系统还允许在垂直平面中绕靠近后自行车轮胎的枢轴点旋转，以模拟"车轮打滑"运动。这些变化由传感器监控，传感器将信息传输到计算机，计算机进而使用独特的自行车模型程序可能产生的计算机动画相应地调整动画自行车在赛道上的位置。计算机考虑自然力对自行车和使用者的影响。此外，计算机控制的电动机通过对自行车手的踩踏动作施加动力辅助，来模拟赛道地形的变化条件，包括下坡滑行。最后，提供了一个音频系统和一个变速鼓风机，它们都与计算机连接以增强骑乘模拟		

表 5 - 46　US14230322 申请的详细信息

专利名称	带执行器的聚焦模块和组件		
申请号	US14230322	申请日	2014/3/31
公开（公告）号	US9134464B2	公开（公告）日	2015/9/15
摘要	聚焦模块包含边界元件和聚焦元件。聚焦元件包括流体和可变形膜，其中流体被截留在边界元件和可变形膜之间。聚焦模块还包括压力元件，该压力元件能够通过沿边界元件的方向压在可变形膜上来使聚焦元件变形		

表 5 - 47　US14253022 申请的详细信息

专利名称	基于检测到的位置和首选项的可配置仪表板显示		
申请号	US14253022	申请日	2014/4/15
公开（公告）号	US20140309864A1	公开（公告）日	2014/10/16
摘要	车辆控制系统可以确定车辆的位置并评估该位置的法律和规则，以确定是否需要改变仪表显示器。车辆控制系统可以自动配置该位置的仪表显示。车辆控制系统可以对位置中的交通标志进行成像和翻译。车辆控制系统还可以确定该位置是否与通信网络的中断相关联，识别备用通信网络并自动转移到备用通信网络。车辆控制系统可以生成警报，该警报包括与该车辆的先前位置不同的交通规则、语言和该位置的通信网络有关的信息		

第6章 风力发电机专利分析

6.1 绕线转子感应发电机

6.1.1 技术研究背景

随着全球能源需求的增加和环境保护意识的提高，新能源发电逐渐成为重要的发展方向。其中，风电是最具发展潜力的一种新能源。现阶段的风电是基于电力电子设备之下而发展的，所以电力电子设备的优越性和基本性能在很大程度上将会决定风力发电系统的整体运行情况。● 绕线转子感应发电机是目前应用最广泛的风力发电机类型之一，其技术研究背景主要有以下几个方面。

首先，随着风力发电技术的发展，对风力发电机的要求越来越高，包括转速、输出功率、可靠性和寿命等方面。因此，研究和改进绕线转子感应发电机的结构和性能，以满足不同应用场景的需求，成为一项重要的课题。

其次，绕线转子感应发电机的效率和性能往往受到转子损耗和励磁控制等因素的影响。为了提高其效率和性能，需要通过改进转子材料和结构、优化励磁控制策略等路径进行技术研究。

再次，随着电网智能化的发展，对风力发电机的功率控制和协调调度等方面的要求也越来越高。因此，研究绕线转子感应发电机的电网接口特性、功率控制策略等，有助于提高其在电网中的适应性和可靠性。

最后，随着风力发电机的大规模应用，对风力发电机的维护和运行管理等方面的要求也越来越高。因此，研究绕线转子感应发电机的故障检测、健康监测等技术，有助于提高其运行可靠性和降低维护成本。

● 何方，陈汉君，李卓木. 风力发电技术产业发展趋势 ［J］. 文存阅刊，2017（5）：111.

6.1.2　技术发展历程

风力发电机是一种将风能转化为电能的设备。其发展历程可以追溯到 19 世纪末的风车时代，现代的风力发电机技术则始于 20 世纪 70 年代。在此期间，绕线转子感应发电机为主流技术。

绕线转子感应发电机是一种使用铜线绕制在转子上的发电机，它利用磁感应原理将机械能转化为电能。这种发电机结构简单、维护成本低，并且具有较高的可靠性。在 20 世纪 70 年代末到 80 年代初，丹麦和德国的科学家和工程师在这一技术上做出了重大贡献，开创了现代风力发电机的发展之路。

在 20 世纪 80 年代中期，随着风力发电技术的快速发展，出现了直接驱动发电机和变速驱动发电机两种技术。直接驱动发电机使用一个旋转部件（通常是一对磁铁）直接驱动转子，而变速驱动发电机则使用一种复杂的传动系统将风轮转速与发电机转速进行匹配。

然而，由于直接驱动发电机需要较大的磁铁和转子，因此制造和维护成本较高；变速驱动发电机的复杂性和成本也很高。因此，绕线转子感应发电机仍然是现代风力发电机的主要技术之一。

随着技术的发展，绕线转子感应发电机的设计和性能也得到了不断改进。现代绕线转子感应发电机采用先进的材料和制造技术，以提高效率和可靠性。此外，一些新的控制系统和智能化技术也被引入风力发电机中，以提高其性能和运行效率。

6.1.3　全球市场规模

根据市场研究公司的数据，目前全球风力发电机市场规模不断扩大，而绕线转子感应发电机是其中最主要的技术之一。以下是一些相关数据：

根据 GLOBAL MARKET INSIGHTS 发布的报告，2019 年全球风力发电机市场规模约为 9080 万 kW，预计到 2026 年将达到 14000 万 kW，年复合增长率约为 7.2%。该报告还指出，绕线转子感应发电机是目前最常用的技术之一，约占全球风力发电机市场份额的 60%。

另一份报告显示，2019 年全球绕线转子感应发电机市场规模约为 310 亿美元，预计到 2025 年将达到 442 亿美元，年复合增长率约为 6%。

需要注意的是，随着新兴技术的发展，如永磁同步发电机和直驱风力发电机等，绕线转子感应发电机的市场份额可能会逐渐下降。然而，由于其成熟的技术和较低的成本，绕线转子感应发电机仍将继续在全球风力发电机市场中发挥重要作用。

6.1.4　全球专利申请趋势

图 6 - 1 展示的是绕线转子感应发电机全球专利申请量在 2013—2022 年的发展趋

势。通过申请趋势可以从宏观层面把握分析对象在这一阶段的专利申请热度变化。由图可以看出，2013—2014 年，绕线转子感应发电机全球专利申请量呈下降趋势，2013 年专利申请量为 111 件，2014 年专利申请量为 90 件；2014—2015 年，绕线转子感应发电机全球专利申请量迅速上升，2015 年专利申请量达到顶峰，为 129 件；2015—2020 年，绕线转子感应发电机全球专利申请量波动下降，2018 年专利申请量为 86 件，2019 年专利申请量增加至 117 件，此后至 2022 年专利申请量一直呈下降趋势。

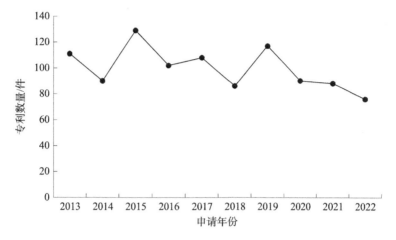

图 6 - 1　绕线转子感应发电机全球专利申请趋势

6.1.5　全球专利主要来源国家或地区

图 6 - 2 展示了绕线转子感应发电机全球专利在主要申请国家或地区的数量分布情况。由图可以看出，美国、法国、日本是绕线转子感应发电机专利重点申请国家或地区，数量分别为 1690 件、257 件、245 件。紧跟其后的为中国 191 件，英国 122 件，印度 108 件。

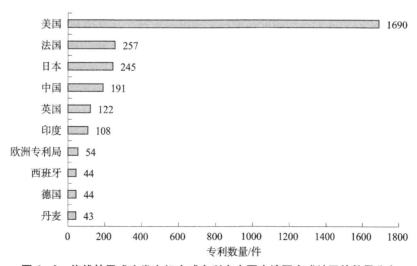

图 6 - 2　绕线转子感应发电机全球专利在主要申请国家或地区的数量分布

这一情况表明，美国、法国、日本等国家和地区是绕线转子感应发电机专利布局的主要区域，企业可以跟踪、引进和消化该领域技术，在此基础上实现技术突破。

6.1.6 全球专利申请人分析

表6-1展示的是按照所属申请人（专利权人）的专利数量统计的绕线转子感应发电机全球专利主要申请人排名情况。通过分析，可以发现通用电气公司等主体是绕线转子感应发电机技术创新成果积累较多的专利申请人，其专利竞争实力较强。

表6-1 绕线转子感应发电机全球专利主要申请人排名

排名	申请人	专利数量/件
1	通用电气公司	732
2	布莱克和戴克公司	73
3	利莱森玛电机公司	65
4	三菱重工业株式会社	42
4	株式会社日立制作所	42
6	法雷奥电机设备公司	39
7	雷神公司	30
8	歌美飒创新技术公司	27
9	VESTAS WIND SYSTEMS A/S	22
10	埃科艾尔公司	21

6.1.7 全球专利技术构成分析

表6-2展示的是全球绕线转子感应发电机专利主要技术构成及数量分布情况。通过分析，可以了解分析对象覆盖的技术类别及各技术分支的创新热度。对这些专利按照国际专利分类号（IPC）进行统计的结果显示，F03D7大组的专利数量最多，为373件；其次是H02P9大组，专利数量为337件；排在第三位的是H02J3，专利数量为176件；排在第四位的是H02K1大组，专利数量为168件；排在第五位的是H02K17大组，专利数量为126件。

表6-2 全球绕线转子感应发电机专利技术领域分布（大组）

排名	国际专利分类号（IPC）大组	专利数量/件
1	F03D7：风力发动机的控制（电能的供给或分配入H02J，例如网络中调整、消除或补偿无功功率的装置入H02J3/18；发电机的控制入H02P，例如用于取得所需输出值的发电机的控制装置入H02P9/00）［2006.01］	373
2	H02P9：用于取得所需输出值的发电机的控制装置［2006.01］	337
3	H02J3：交流干线或交流配电网络的电路装置［2006.01］	176
4	H02K1：磁路零部件（继电器磁路入H01H50/16）［2006.01］	168
5	H02K17：异步感应电动机；异步感应发电机［2006.01］	126

排名	国际专利分类号（IPC）大组	专利数量/件
6	F03D9：特殊用途的风力发动机；风力发动机与受它驱动的装置的组合（与由风提供动力的车辆推进单元相结合的装置入B60K16/00；以与风力发动机相结合为特征的泵入F04B17/02）；安装于特定场所的风力发动机（产生电能的混合风力光伏能源系统入H02S10/12）［2016.01］	113
7	H02P1：用于起动电动机或机电变换器的装置（具有电子换向器的同步电动机的起动入H02P6/20，H02P6/22；旋转步进电动机的起动入H02P8/04；矢量控制入H02P21/00）［2006.01］	67
8	H02K3：绕组的零部件［2006.01］	61
9	H02K9：冷却或通风装置（磁路部件中的通道或导管入H02K 1/20，H02K 1/32；导体中或导体间的通道或导管入H02K 3/22，H02K 3/24）［2006.01］	60
10	H02P7：用于调节或控制直流电动机的速度或转矩的装置［2016.01］	52

6.1.8 主要申请人转子感应发电机专利分析

6.1.8.1 通用电气公司

1. 专利申请趋势

图6-3展示的是通用电气公司绕线转子感应发电机全球专利申请量在2013—2022年的发展趋势。通过申请趋势可以从宏观层面把握分析对象在这一阶段的绕线转子感应发电机专利申请热度变化。2013—2022年，通用电气公司绕线转子感应发电机全球专利申请量呈快速减少趋势，2013年专利申请量为70件，2014年专利申请量减少至32件，2015年专利申请量又回升至48件，此后直至2018年专利申请量持续减少，2018年专利申请量为26件，2019年专利申请量又回升至33件，2019年后专利申请量一直呈下降趋势，2022专利申请量为2件。

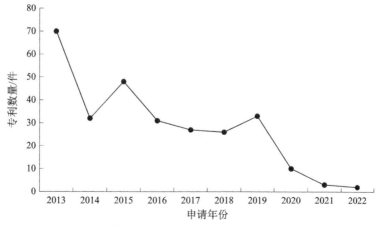

图6-3 通用电气公司绕线转子感应发电机全球专利申请趋势

2. 专利法律状态

经过检索，获得通用电气公司绕线转子感应发电机全球专利共 732 件。图 6 - 4 展示的是这些专利处于有效、失效、审中等状态的占比情况。由图可知，有效专利 382 件，占专利总数的 52.2%；PCT 指定期满专利 156 件，占专利总数的 21.3%；失效专利 59 件，占专利总数的 8.1%；审中专利 108 件，占专利总数的 14.8%；PCT 指定期内专利 27 件，占专利总数的 3.7%。

3. 专利类型

图 6 - 5 展示的是通用电气公司绕线转子感应发电机的专利类型分布。其中，发明专利 730 件，占总数的 99.7%，实用新型专利 2 件，占总数的 0.3%。

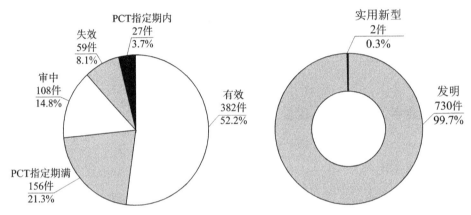

图 6 - 4　通用电气公司绕线转子感应
发电机专利法律状态分布

图 6 - 5　通用电气公司绕线转子
感应发电机专利类型分布

4. 专利技术来源国家或地区排名

图 6 - 6 所示为通用电气公司绕线转子感应发电机专利技术来源国家或地区排名。美国排在第一位，说明通用电气公司绕线转子感应发电机专利技术主要来源国是美国。

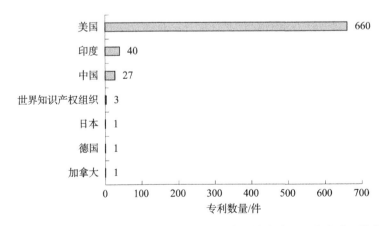

图 6 - 6　通用电气公司绕线转子感应发电机专利技术来源国家或地区排名

5. 专利目标市场排名

图 6 - 7 所示为通用电气公司绕线转子感应发电机专利技术目标市场排名。不难看出，欧洲专利局、美国等是该技术的重点布局所在。

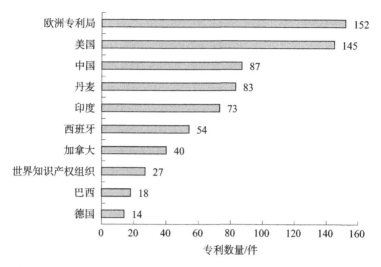

图 6 - 7　通用电气公司绕线转子感应发电机专利技术目标市场排名

6. 专利技术构成分析

表 6 - 3 展示的是通用电气公司绕线转子感应发电机专利主要技术构成及数量分布情况。通过分析，可以了解分析对象覆盖的技术类别及各技术分支的创新热度。对这些专利按照国际专利分类号（IPC）进行统计的结果显示，F03D7 大组的专利数量最多，为 260 件；其次是 H02P9 大组，专利数量为 92 件；排在第三位的是 H02J3 大组，专利数量为 67 件；排在第四位的是 F03D9 大组，专利数量为 37 件；排在第五位的是 F03D11 大组，专利数量为 28 件。

表 6 - 3　通用电气公司绕线转子感应发电机专利技术领域分布（大组）

排名	国际专利分类号（IPC）大组	专利数量/件
1	F03D7：风力发动机的控制（电能的供给或分配入 H02J，例如网络中调整、消除或补偿无功功率的装置入 H02J3/18；发电机的控制入 H02P，例如用于取得所需输出值的发电机的控制装置入 H02P9/00）〔2006.01〕	260
2	H02P9：用于取得所需输出值的发电机的控制装置〔2006.01〕	92
3	H02J3：交流干线或交流配电网络的电路装置〔2006.01〕	67
4	F03D9：特殊用途的风力发动机；风力发动机与受它驱动的装置的组合（与由风提供动力的车辆推进单元相结合的装置入 B60K16/00；以与风力发动机相结合为特征的泵入 F04B17/02）；安装于特定场所的风力发动机（产生电能的混合风力光伏能源系统入 H02S10/12）〔2016.01〕	37
5	F03D11：不包含在本小类其他组中或与本小类其他组无关的零件、部件或附件	28

排名	国际专利分类号（IPC）大组	专利数量/件
6	F03D1：具有基本上与进入发动机的气流平行的旋转轴线的风力发动机（其控制入 F03D7/02）［2006.01］	17
6	F03D17：风力发动机的监控或测试，例如诊断（试车过程中的测试入 F03D13/30）［2016.01］	17
8	G01R31：电性能的测试装置；电故障的探测装置；以所进行的测试在其他位置未提供为特征的电测试装置（在制造过程中测试或测量半导体或固体器件入 H01L21/66；线路传输系统的测试入 H04B3/46）	10
9	H02K15：专用于制造、装配、维护或修理电机的方法或设备［2006.01］	8
9	H02M5：流功率输入变换为交流功率输出，例如用于改变电压、用于改变频率、用于改变相数的［2006.01］	8

6.1.8.2　布莱克和戴克公司

1. 专利申请趋势

图 6-8 展示的是布莱克和戴克公司绕线转子感应发电机全球专利申请量在 2015—2022 年的发展趋势。通过申请趋势可以从宏观层面把握分析对象在这一阶段的绕线转子感应发电机专利申请热度变化。由图可以看出，2015—2016 年，布莱克和戴克公司绕线转子感应发电机全球专利申请量迅速减少，2015 年专利申请量为 18 件，2016 年专利申请量为 6 件；2016—2019 年，布莱克和戴克公司绕线转子感应发电机专利申请量呈波动增长趋势，2017 年专利申请量为 9 件，2019 年专利申请量为 7 件；2019—2020 年，布莱克和戴克公司绕线转子感应发电机全球专利申请量呈上升趋势，2020 年专利申请量为 10 件；2020—2021 年，布莱克和戴克公司绕线转子感应发电机的专利申请量呈迅速下降趋势，2021 年专利申请量降为 0；2022 年，布莱克和戴克公司绕线转子感应发电机专利申请量增至 2 件。

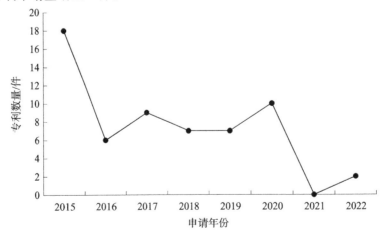

图 6-8　布莱克和戴克公司绕线转子感应发电机全球专利申请趋势

2. 专利法律状态

经过检索，获得布莱克和戴克公司绕线转子感应发电机全球专利共 73 件。图 6-9 展示的是这些专利处于有效、失效、审中等状态的占比情况。由图可知，有效专利 43 件，占专利总数的 58.9%；失效专利 16 件，占专利总数的 21.9%；审中专利 9 件，占专利总数的 12.3%；PCT 指定期满专利 5 件，占专利总数的 6.8%。

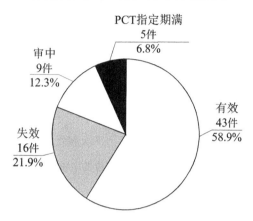

图 6-9 布莱克和戴克公司绕线转子感应发电机专利法律状态分布

3. 专利类型

布莱克和戴克公司的 73 件绕线转子感应发电机专利均为发明专利。

4. 专利技术来源国家或地区排名

图 6-10 所示为布莱克和戴克公司绕线转子感应发电机专利技术来源国家或地区排名。美国排在第一位，其次是英国，说明布莱克和戴克公司绕线转子感应发电机专利技术来源国是美国和英国。

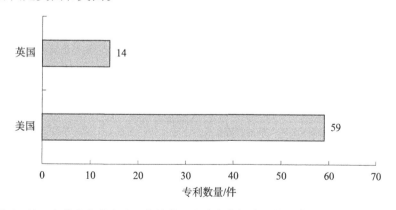

图 6-10 布莱克和戴克公司绕线转子感应发电机专利技术来源国家或地区排名

5. 专利目标市场排名

图 6-11 所示为布莱克和戴克公司绕线转子感应发电机专利技术目标市场排名。不难看出，美国、澳大利亚、欧洲等是该技术的重点布局所在。

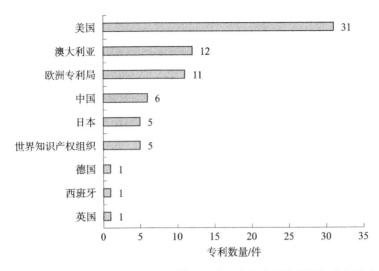

图6-11 布莱克和戴克公司绕线转子感应发电机专利技术目标市场排名

6. 专利技术构成分析

表6-4展示的是布莱克和戴克公司绕线转子感应发电机专利主要技术构成及数量分布情况。通过分析，可以了解分析对象覆盖的技术类别及各技术分支的创新热度。对这些专利按照国际专利分类号（IPC）进行统计的结果显示，H02J7大组的专利数量最多，为28件；其次是H02P29大组，专利数量为16件；排在第三位的是H01M2大组，专利数量为6件；排在第四位的是H02P7大组和B25F5大组，专利数量为5件。

表6-4 布莱克和戴克公司绕线转子感应发电机专利技术领域分布（大组）

排名	国际专利分类号（IPC）大组	专利数量/件
1	H02J7：用于电池组的充电或去极化或用于由电池组向负载供电的装置［2006.01］	28
2	H02P29：用于调节或控制电动机，并适合于交流和直流电动机的装置（起动电动机的装置入H02P1/00；停止或减速电动机的装置入H02P3/00；控制可用于连接到两个或多个不同电源的电动机的入H02P4/00；调节或控制两个或多个电动机的速度或转矩的入H02P5/00；矢量控制入H02P21/00）［2016.01］	16
3	H01M2：非活性部件的结构零件或制造方法	6
4	H02P7：用于调节或控制直流电动机的速度或转矩的装置［2016.01］	5
4	B25F5：与执行操作无特殊关联的和其他类目不包括的轻便机动工具的零件或部件［2006.01］	5
6	H02P1：用于起动电动机或机电变换器的装置（具有电子换向器的同步电动机的起动入H02P6/20，H02P6/22；旋转步进电动机的起动入H02P8/04；矢量控制入H02P21/00）［2006.01］	4
6	H02P25：以交流电动机种类或结构零部件为特征的控制交流电动机的装置或方法	4
8	H01M10：二次电池；及其制造	3
9	G05B11：自动控制器（G05B13/00优先）［2006.01］	1
9	H01M50：除燃料电池外的电化学电池非活性部件的结构零部件或制造工艺，例如：混合电池［2021.01］	1

6.1.8.3 利莱森玛电机公司

1. 专利申请趋势

图 6－12 展示的是利莱森玛电机公司绕线转子感应发电机全球专利申请量在 2014—2020 年的发展趋势。通过申请趋势可以从宏观层面把握分析对象在这一阶段的专利申请热度变化。由图可以看出，2014—2016 年，利莱森玛电机公司绕线转子感应发电机全球专利申请量逐年上升，2014 年专利申请量仅 1 件，2016 年专利申请量达到 8 件；2016—2017 年，利莱森玛电机公司绕转子发电机专利申请量呈下降趋势，2017 年专利申请量为 1 件；2017—2019 年，利莱森玛电机公司绕线转子感应发电机全球专利申请量迅速上升，2018 年专利申请量为 6 件，2019 年专利申请量达到峰值，为 27 件；2020 年，利莱森玛电机公司绕线转子感应发电机全球专利申请量迅速下降，仅 1 件。

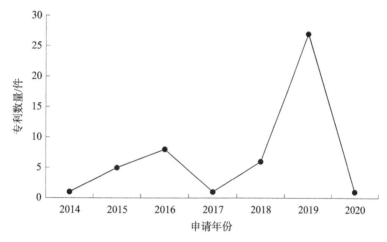

图 6－12 利莱森玛电机公司绕线转子感应发电机全球专利申请趋势

2. 专利法律状态

经过检索，获得利莱森玛电机公司绕线转子感应发电机全球专利共 65 件。图 6－13 展示的是这些专利处于有效、失效、审中等状态的占比情况。由图可知，有效专利 14 件，占专利总数的 21.5%；失效专利 16 件，占专利总数的 24.6%；审中专利 17 件，占专利总数的 26.2%；PCT 指定期满专利 11 件，占专利总数的 16.9%，法律状态未知的专利 7 件，占专利总数的 10.8%。

3. 专利类型

利莱森玛电机公司的 65 件绕线转子

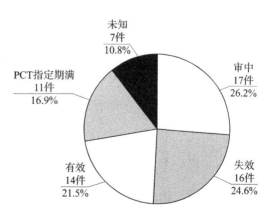

图 6－13 利莱森玛电机公司绕线转子感应发电机专利法律状态分布

感应发电机专利均为发明专利。

4. 专利技术来源国家或地区排名

图6-14所示为利莱森玛电机公司绕线转子感应发电机专利技术来源国家或地区排名。法国排在第一位，说明利莱森玛电机公司绕线转子发电机专利技术主要来源国是法国。

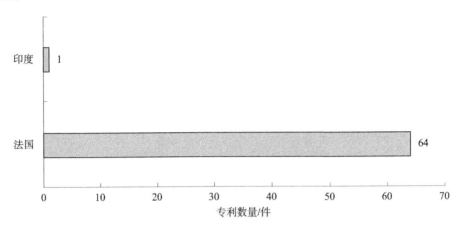

图6-14 利莱森玛电机公司绕线转子感应发电机专利技术来源国家或地区排名

5. 专利目标市场排名

图6-15所示为利莱森玛电机公司绕线转子感应发电机专利技术目标市场排名。不难看出，欧洲专利局、世界知识产权组织、美国、法国等是该技术的重点布局所在。

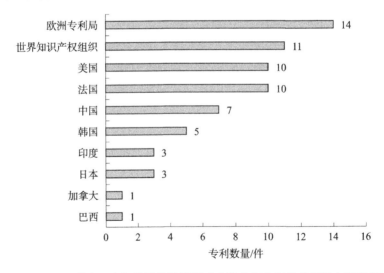

图6-15 利莱森玛电机公司绕线转子感应发电机专利技术目标市场排名

6. 专利技术构成分析

表6-5展示的是利莱森玛电机公司绕线转子感应发电机专利主要技术构成及数量分布情况。通过分析，可以了解分析对象覆盖的技术类别及各技术分支的创新热度。

对这些专利按照国际专利分类号（IPC）进行统计的结果显示，H02K1 大组的专利数量最多，为 33 件；其次是 H02P3 大组、H02P9 大组和 H02K9 大组，专利数量为 5 件；排在第五位的是 H02M7 大组，专利数量为 4 件。

表6-5 利莱森玛电机公司绕线转子感应发电机专利技术领域分布（大组）

排名	国际专利分类号（IPC）大组	专利数量/件
1	H02K1：磁路零部件（继电器磁路入 H01H50/16）[2006.01]	33
2	H02P3：电动机、发电机或机电变换器的停止或减速装置（具有电子换向器的同步电动机的停止入 H02P6/24；旋转步进电动机的停止入 H02P8/24；矢量控制入 H02P21/00）[2006.01]	5
2	H02P9：用于取得所需输出值的发电机的控制装置 [2006.01]	5
2	H02K9：冷却或通风装置（磁路部件中的通道或导管入 H02K 1/20，H02K 1/32；导体中或导体间的通道或导管入 H02K 3/22，H02K 3/24）[2006.01]	5
5	H02M7：交流功率输入变换为直流功率输出；直流功率输入变换为交流功率输出 [2006.01]	4
6	H02K15：专用于制造、装配、维护或修理电机的方法或设备 [2006.01]	3
6	H02P6：控制同步电动机或其他使用依赖转子位置的电子换向器的机电电动机的装置；电子换向器（矢量控制入 H02P21/00）	3
8	H02K16：有不止 1 个转子或定子的电机 [2006.01]	1
8	H02J3：：交流干线或交流配电网络的电路装置 [2006.01]	1
8	H02M5：流功率输入变换为交流功率输出，例如用于改变电压、用于改变频率、用于改变相数的 [2006.01]	1

6.1.9 高被引专利

表6-6 列出了 10 个绕线转子感应发电机高被引专利，并按施引专利申请数量进行排名。表6-7～表6-16 列出了其详细信息。

表6-6 绕线转子感应发电机高被引专利

排名	申请号	专利名称	引文数量/篇	施引专利申请数量/个
1	US08725187	双馈机性能优化控制器及控制方法	19	417
2	US10773851	变速分布式传动系统风力发电机系统	62	296
3	US12601262	通过配电网进行机器状态评估	5	229
4	US14008932	电气、机械、计算/和/或其他由极低电阻材料制成的设备	22	210
5	US10074904	具有带标量功率控制和相关变桨控制的无源电网侧整流器的变速风力涡轮机	159	184

排名	申请号	专利名称	引文数量/篇	施引专利申请数量/个
6	US10458588	风电场电气系统	19	172
7	US08907513	变速风力发电机	19	171
8	US08870858	带有零序滤波器的变速风力发电机	15	159
8	US07968870	多相无刷直流和交流同步电机	26	159
10	US10357522	用于风力涡轮机转子负载控制的方法和设备	13	157

表6-7 US08725187申请的详细信息

专利名称	双馈机性能优化控制器及控制方法		
申请号	US08725187	申请日	1996/10/2
公开（公告）号	US5798631A	公开（公告）日	1998/8/25
摘要	变速恒频（VSCF）系统利用双馈电机（DFM）来最大化系统的输出功率。该系统包括向DFM提供频率信号和电流信号的功率转换器。功率转换器由自适应控制器控制。控制器向转换器发送信号以改变其频率信号，从而改变DFM的转子速度，直到检测到最大功率输出。控制器还向转换器发送信号以改变其电流信号，并由此改变由相应绕组承载的功率部分，直到感测到最大功率输出。可以增强控制以不仅最大化功率和效率，而且提供谐波和无功功率补偿		

表6-8 US10773851申请的详细信息

专利名称	变速分布式传动系统风力发电机系统		
申请号	US10773851	申请日	2004/2/4
公开（公告）号	US7042110B2	公开（公告）日	2006/5/9
摘要	一种可变速风力涡轮机，其使用的转子连接到具有绕线转子或永磁转子的多个同步发电机。无源整流器和逆变器用于将功率传输回电网。涡轮控制单元（TCU）根据转子速度和涡轮逆变器的功率输出来指令所需的发电机转矩。通过逆变器的控制来调节直流电流，从而控制转矩。通过测量直流母线电压可提供主轴阻尼滤波器。在大风中，透平通过恒定的转矩指令和变化的变桨指令传递给转子变桨伺服系统，从而保持恒定的平均输出功率。在逆变器的输出端设定一个固定值，以使输出VAR负载最小化，从而使涡轮以非常接近单位功率因数的状态运行		

表6-9 US12601262申请的详细信息

专利名称	通过配电网进行机器状态评估		
申请号	US12601262	申请日	2008/5/24
公开（公告）号	US20100169030A1	公开（公告）日	2010/7/1
摘要	优选地嵌入在配电箱中的设备，能够分析机电设备以及它们的被驱动或驱动设备的状况。该分析使用提供给机电设备或从机电设备提供的工作电压和电流。由于这些电压和电流在外壳上可用，因此无须与机电设备或驱动器或从动设备上的任何传感器进行布线或任何其他通信方式。嵌入式设备可以可选地将其结果优选地无线发送到远离外壳的计算或监视设备。嵌入式设备可以从机箱中现有的常规电势变压器接收所有电能		

表 6 – 10　US14008932 申请的详细信息

专利名称	电气、机械、计算/和/或其他由极低电阻材料制成的设备		
申请号	US14008932	申请日	2012/3/30
公开（公告）号	US10333047B2	公开（公告）日	2019/6/25
摘要	描述了电气、机械、计算和/或其他设备，这些设备包括由极低电阻（ELR）材料形成的组件，这些材料包括但不限于改性的 ELR 材料、分层的 ELR 材料和新的 ELR 材料		

表 6 – 11　US10074904 申请的详细信息

专利名称	具有带标量功率控制和相关变桨控制的无源电网侧整流器的变速风力涡轮机		
申请号	US10074904	申请日	2002/2/11
公开（公告）号	US7015595B2	公开（公告）日	2006/3/21
摘要	公开了一种变速风力涡轮机，其具有使用标量功率控制和相关变桨控制的无源电网侧整流器。变速涡轮机可包括为电网提供功率的发电机和耦合至发电机的功率转换系统。功率转换系统可以包括至少一个无源电网侧整流器。功率转换系统可以使用无源电网侧整流器向发电机提供功率。变速风力涡轮机还可使用标量功率控制来提供对电网上电量的更精确控制。变速风力涡轮机可以进一步使用相关的俯仰控制来改善风力涡轮机的响应性		

表 6 – 12　US10458588 申请的详细信息

专利名称	风电场电气系统		
申请号	US10458588	申请日	2003/6/9
公开（公告）号	US7071579B2	公开（公告）日	2006/7/4
摘要	一种使用具有低脉冲数电输出的变速风力涡轮机进行风电场设计的方法。多个风力涡轮机的输出经过汇总，在与公用电网的公共耦合点上产生高脉冲数的电气输出。每个单独的风力涡轮机的电能质量均未达到公用事业标准，但公共耦合点的总输出在可接受的公用事业电能质量容限内。聚合来自多个风力涡轮机的低脉冲数电输出的方法依赖于在每个风力涡轮机上安装的垫式变压器，该变压器在每个风力涡轮机的输出上执行相位乘法。相位乘法将来自风力涡轮机的修改后的方波转换为六脉冲输出。从每个风力涡轮机输出的 6 个脉冲的相移使多个风力涡轮机的总输出成为正弦波的 24 个脉冲近似值。风电场内部嵌入了额外的滤波和无功控制，以利用风电场的电阻抗特性，进一步提高公共耦合点的电能质量		

表 6 – 13　US08907513 申请的详细信息

专利名称	变速风力发电机		
申请号	US08907513	申请日	1997/8/8
公开（公告）号	US6137187A	公开（公告）日	2000/10/24
摘要	描述了一种如用于风力涡轮机中的变速系统。该系统包括一个绕线转子感应发电机、一个转矩控制器和一个比例积分微分（PID）变桨控制器。转矩控制器使用磁场定向控制发电机转矩，PID 控制器根据发电机转子速度进行桨距调节		

表 6 – 14　US08870858 申请的详细信息

专利名称	带有零序滤波器的变速风力发电机		
申请号	US08870858	申请日	1997/6/6
公开（公告）号	US5798632A	公开（公告）日	1998/8/25
摘要	一种变速风力涡轮发电机系统，用于将机械能转换为电能或能量，以三相交流电的形式回收电能或能量，并将电能或能量以六十（60）赫兹和单位功率因数的单相正弦波形返回给公用事业或其他负载，包括用于产生三相指令电流的励磁控制器、发电机和零序滤波器。每个指令电流信号包括两个分量：一个正序可变频率电流信号，用于提供发电机定子绕组中所需的平衡三相励磁电流，以产生从发电机中恢复最佳有功功率所需的旋转磁场；零频率六十（60）赫兹电流信号，以允许将发电机产生的有功功率提供给公用事业公司。正序电流信号是平衡的三相信号，并由零序滤波器阻止进入公用事业。零序电流信号彼此具有零相位偏移，并且通过星形连接的定子绕组被阻止进入发电机。零序滤波器允许零序电流信号通过，以将电力输送到公用事业		

表 6 – 15　US07968870 申请的详细信息

专利名称	多相无刷直流和交流同步电机		
申请号	US07968870	申请日	1992/10/30
公开（公告）号	US5334898A	公开（公告）日	1994/8/2
摘要	具有多级叠加，多相和多级能力的高密度盘状无刷感应开放式电动机和发电机。这些电动机的功率范围从 20hp 至 1000hp，25000hp 或更高，这些发电机的范围从几kW 至 1000kVA，25000kVA 或 100000kVA。稀土永磁体围绕盘形转子布置。独特的矩形环定子元件可作为众多扁平绕制电枢线圈的安装件。高通量和高电流密度产生的热量通过内置在环形定子元件中的液体冷却装置消散。无须将框架用作通量返回路径，可以使用重量轻的铝而不会降低效率		

注：1hp ＝745.7W。

表 6 – 16　US10357522 申请的详细信息

专利名称	用于风力涡轮机转子负载控制的方法和设备		
申请号	US10357522	申请日	2003/2/3
公开（公告）号	US7160083B2	公开（公告）日	2007/1/9
摘要	垂直和水平风切变，偏航未对准和/或湍流共同作用，从而在风轮机转子上产生不对称载荷。所产生的载荷在叶片中产生弯矩，这些弯矩通过轮毂反作用到低速轴上。结果，主轴和主轴法兰从其静止或非气动负载位置移开。使用一个或多个传感器测量轴法兰的位移量。来自传感器的输出信号用于确定合成转子负载的大小和/或方向。该信息用于影响减少负载所需的叶片螺距变化，从而减少各种涡轮机部件上的疲劳和负载		

6.2　双馈发电机

6.2.1　技术研究背景

双馈风力发电机组的主要组成部分包括发电机、风力机、增速齿轮箱、控制单元、双向变频器这五部分。双馈风力发电机组拥有独立的励磁绕组，可调节功率因数。负载突变时，双馈风力发电机可以通过调节励磁频率来实现转速调节，完成对负载的释放或吸收，提高电网稳定性，这是双馈风力发电机的优势所在。风能是一种间歇性能源，风速的变化直接关系到风力发电机的有功功率和无功功率。对这样不稳定、间歇性的能源进行并网必然要解决因风速变化而导致的频率波动、电压瞬时变化、谐波污染等问题。电网故障也是影响双馈风力发电机组并网运行的重要因素，如何让风力发电机组在故障短时间可修复时不脱网，保持与电网的连接，是保证并网稳定性的重要一环。❶

风力发电的特点：由于风力发电机的受动性质，风能的不稳定性和不可控性等因素，使得风力发电具有不确定性。因此，发电机需要具有一定的可调节性和响应速度，以适应风速变化和负载变化。传统的直驱式发电机和固定转子式发电机无法满足这种需求，因此双馈发电机作为一种解决方案被提出。

发电机技术的发展：双馈发电机是在传统异步发电机的基础上发展而来的。传统的异步发电机具有结构简单、可靠性高等优点，但受限于转矩的大小和响应速度，无法满足风力发电的需求。而双馈发电机通过在转子上引入一个可调节的降压器和一个能量存储器，实现了对转子电流的控制，从而提高了发电机的响应速度和转矩调节能力。

双馈发电机的研究背景主要是由于风力发电的特点和发电机技术的发展需求。随着风力发电技术的不断进步和市场需求的扩大，双馈发电机仍将是风力发电中的一项重要技术。

6.2.2　技术发展历程

20 世纪 70 年代初，双馈发电机首次应用于风力发电领域。当时，风力发电机主要采用固定速度发电机，无法实现电网的连接。而双馈发电机具备变速调节的功能，可以实现电网连接，因此得到广泛应用。

20 世纪 80 年代，随着风力发电技术的不断发展，双馈发电机也得到了不断的改进和优化。发电机的控制技术和电子元件的性能显著提升，同时发电机的效率和可靠性也进一步提高。

到了 21 世纪初，双馈发电机已经成为风力发电领域最常见的发电机类型之一。然

---

❶　张挺仑. 双馈风力发电机组的并网特性分析 [J]. 集成电路应用，2023，40（1）：92 – 93.

而，由于其转子绕组需要使用电子元件进行控制，因此造成了成本上的压力。为此，工程师们开始研发直接驱动式风力发电机，以降低成本。

随着技术的进步，直接驱动式风力发电机逐渐成为主流。不过，双馈发电机仍然用于一些特殊的场合，例如需要实现低风速启动或防止过电压等情况。

双馈发电机在风力发电领域起到了重要的作用，为风力发电技术的发展做出了贡献。随着技术的不断进步，它可能会继续在一些特殊的场合得到应用。

6.2.3 全球市场规模

市场研究机构的报告显示，截至2021年，全球风力发电机市场中，双馈发电机占据了相当大的市场份额。但是，随着技术的不断发展和新型风力发电技术的不断涌现，双馈发电机的市场份额正在逐渐下降。

因为受多种因素的影响，包括政策、技术、市场需求等，具体的市场规模数据难以确定。但可以肯定的是，随着全球可再生能源市场的不断扩大和风力发电技术的不断改进，风力发电机市场的总体规模在不断增长。

同时，双馈发电机作为一种成熟、可靠的风力发电技术，仍然在全球范围内得到广泛应用。例如，在欧洲和中国等地，仍然有大量的风力发电项目采用双馈发电机。

6.2.4 全球专利申请趋势

图6-16展示的是双馈发电机全球专利申请量在2013—2022年的发展趋势。通过申请趋势可以从宏观层面把握这一阶段的双馈发电机专利申请热度变化。由图可以看出，2013—2021年，双馈发电机全球专利申请量呈波动上升趋势，2013年专利申请量为781件，2014年专利申请量为663件，2016年专利申请量为800件，2017年专利申请量为755件，2018年专利申请量为931件，2019年专利申请量为882件，2021年专利申请量达到顶峰，为1045件；2022年，双馈发电机全球专利申请量下降，为778件。

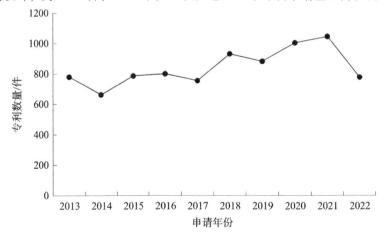

图6-16 双馈发电机全球专利申请趋势

6.2.5　全球专利主要来源国家或地区

图 6 - 17 展示了双馈发电机全球专利在主要申请国家或地区的数量分布情况。由图可以看出，中国、美国、德国是双馈发电机专利重点申请国家或地区，数量分别为7062 件、2250 件、917 件。紧跟其后的为丹麦 688 件，欧洲专利局 594 件。

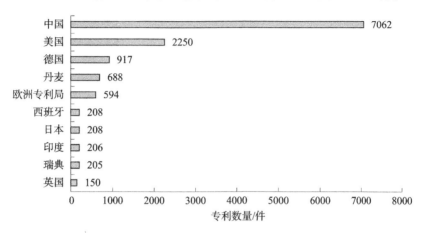

图 6 - 17　双馈发电机全球专利在主要申请国家或地区的数量分布

这一情况表明，中国、美国、德国等国家和地区是双馈发电机专利布局的主要区域，企业可以跟踪、引进和消化该领域技术，在此基础上实现技术突破。

6.2.6　全球专利申请人分析

表 6 - 17 展示的是按照所属申请人（专利权人）的专利数量统计的双馈发电机全球专利主要申请人排名情况。通过分析，可以发现通用电气公司等主体是双馈发电机技术创新成果积累较多的专利申请人，其专利竞争实力较强。

表 6 - 17　双馈发电机全球专利主要申请人排名

排名	申请人	专利数量/件
1	通用电气公司	1295
2	国家电网有限公司	608
3	VESTAS WIND SYSTEMS A/S	487
4	中国电力科学研究院有限公司	246
5	西门子公司	226
6	华北电力大学	219
7	维斯塔斯风力系统有限公司	203
8	再生动力系统股份公司	190
9	ABB 股份公司	160
10	国电联合动力技术有限公司	143

6.2.7 全球专利技术构成分析

表 6 - 18 展示的是全球双馈发电机专利主要技术构成及数量分布情况。通过分析，可以了解分析对象覆盖的技术类别及各技术分支的创新热度。对这些专利按照国际专利分类号（IPC）进行统计的结果显示，H02J3 大组的专利数量最多，为 3497 件；其次是 H02P9 大组，专利数量为 1302 件；排在第三位的是 F03D7 大组，专利数量为 1227 件；排在第四位的是 F03D9 大组，专利数量为 757 件；排在第五位的是 G01R31 大组，专利数量为 319 件。

表 6 - 18　全球双馈发电机专利技术领域分布（大组）

排名	国际专利分类号（IPC）大组	专利数量/件
1	H02J3：交流干线或交流配电网络的电路装置［2006.01］	3497
2	H02P9：用于取得所需输出值的发电机的控制装置［2006.01］	1302
3	F03D7：风力发动机的控制（电能的供给或分配入 H02J，例如网络中调整、消除或补偿无功功率的装置入 H02J3/18；发电机的控制入 H02P，例如用于取得所需输出值的发电机的控制装置入 H02P9/00）［2006.01］	1227
4	F03D9：特殊用途的风力发动机；风力发动机与受它驱动的装置的组合（与由风提供动力的车辆推进单元相结合的装置入 B60K16/00；以与风力发动机相结合为特征的泵入 F04B17/02）；安装于特定场所的风力发动机（产生电能的混合风力光伏能源系统入 H02S10/12）［2016.01］	757
5	G01R31：电性能的测试装置；电故障的探测装置；以所进行的测试在其他位置未提供为特征的电测试装置（在制造过程中测试或测量半导体或固体器件入 H01L21/66；线路传输系统的测试入 H04B3/46）	319
6	H02K3：绕组的零部件［2006.01］	267
7	H02M1：变换装置的零部件［2007.01］	253
8	H02K1：磁路零部件（继电器磁路入 H01H50/16）［2006.01］	226
9	F03D80：不包含在组 F03D1/00～F03D17/00 中的零件、组件或附件［2016.01］	209
10	H02M5：流功率输入变换为交流功率输出，例如用于改变电压、用于改变频率、用于改变相数的［2006.01］	198

6.2.8 主要申请人双馈发电机专利分析

6.2.8.1 通用电气公司

1. 专利申请趋势

图 6 - 18 展示的是通用电气公司双馈发电机全球专利申请量在 2013—2022 年的发展趋势。通过申请趋势可以从宏观层面把握分析对象在这一阶段的双馈发电机专利申请热度变化。2013—2014 年，通用电气公司双馈发电机全球专利申请量迅速减少，2013 年专利申请量为 116 件，2014 年专利申请量为 71 件；2014—2016 年，通用电气

公司双馈发电机全球专利申请量呈平稳波动趋势，2016 年专利申请量为 73 件；2016—2018 年，通用电气公司双馈发电机全球专利申请量迅速上升，2018 年专利申请量达到顶峰，为 152 件；2018—2022 年，通用电气公司双馈发电机全球专利申请量呈逐年下降趋势，2022 专利申请量为 23 件。

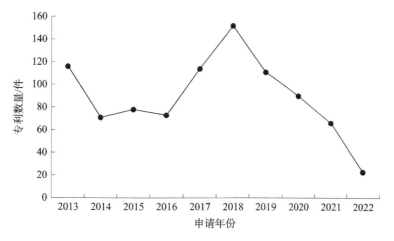

图 6 - 18　通用电气公司双馈发电机全球专利申请趋势

2. 专利法律状态

经过检索，获得通用电气公司双馈发电机全球专利共 1295 件。图 6 - 19 展示的是这些专利处于有效、失效、审中等状态的占比情况。由图可知，有效专利 603 件，占专利总数的 46.6%；失效专利 166 件，占专利总数的 12.8%；审中专利 260 件，占专利总数的 20.1%；PCT 指定期内专利 2 件，占专利总数的 0.2%，PCT 指定期满专利 81件，占专利总数的 6.3%；法律状态未知的专利 183 件，占专利总数的 14.1%。

3. 专利类型

图 6 - 20 展示的是通用电气公司双馈发电机专利类型分布。其中，发明专利 1292件，占总数的 99.8%，实用新型专利 3 件，占总数的 0.2%。

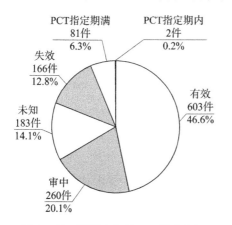

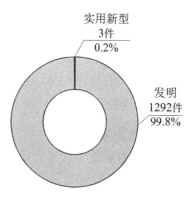

图 6 - 19　通用电气公司双馈发电机
专利法律状态分布

图 6 - 20　通用电气公司双馈
发电机专利类型分布

4. 专利技术来源国家或地区排名

图 6 – 21 所示为通用电气公司双馈发电机专利技术来源国家或地区排名。美国排在第一位，说明通用电气公司双馈发电机专利技术主要来源国是美国。

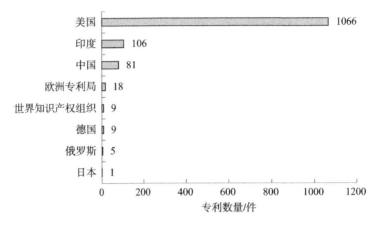

图 6 – 21　通用电气公司双馈发电机专利技术来源国家或地区排名

5. 专利目标市场排名

图 6 – 22 所示为通用电气公司双馈发电机专利技术目标市场排名。不难看出，美国、欧洲、中国、印度和丹麦等是该技术的重点布局所在。

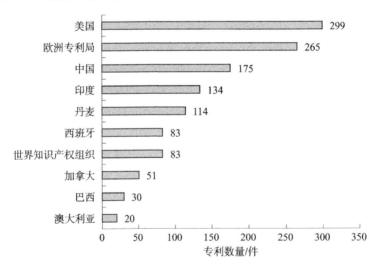

图 6 – 22　通用电气公司双馈发电机专利技术目标市场排名

6. 专利技术构成分析

表 6 – 19 展示的是通用电气公司双馈发电机专利主要技术构成及数量分布情况。通过分析，可以了解分析对象覆盖的技术类别及各技术分支的创新热度。对这些专利按照国际专利分类号（IPC）进行统计的结果显示，全球双馈发电机专利 IPC 分布中，F03D7 大组的专利数量最多，为 278 件；其次是 H02J3 大组，专利数量为 275 件；排在

第三位的是 H02P9 大组，专利数量为 189 件；排在第四位的是 F03D9 大组，专利数量为 81 件；排在第五位的是 H02M1 大组，专利数量为 48 件。

表 6-19　通用电气公司双馈发电机专利技术领域分布（大组）

排名	国际专利分类号（IPC）大组	专利数量/件
1	F03D7：风力发动机的控制（电能的供应或分配入 H02J，例如网络中调整、消除或补偿无功功率的装置入 H02J3/18；发电机的控制入 H02P，例如用于取得所需输出值的发电机的控制装置入 H02P9/00）［2006.01］	278
2	H02J3：交流干线或交流配电网络的电路装置［2006.01］	275
3	H02P9：用于取得所需输出值的发电机的控制装置［2006.01］	189
4	F03D9：特殊用途的风力发动机；风力发动机与受它驱动的装置的组合（与由风提供动力的车辆推进单元相结合的装置入 B60K16/00；以与风力发动机相结合为特征的泵入 F04B17/02）；安装于特定场所的风力发动机（产生电能的混合风力光伏能源系统入 H02S10/12）［2016.01］	81
5	H02M1：变换装置的零部件［2007.01］	48
6	H02M7：交流功率输入变换为直流功率输出；直流功率输入变换为交流功率输出［2006.01］	30
7	H02M5：流功率输入变换为交流功率输出，例如用于改变电压、用于改变频率、用于改变相数的［2006.01］	25
8	H02H7：当出现正常工作条件的不希望有的变化时能完成自动切换的，专用于特种电机或电设备的或专用于电缆或线路系统分段保护的紧急保护电路装置（保护装置与特种机械或设备的结构组合以及它们的无自动断开的保护该机械或设备的有关小类）［2006.01］	21
8	F03D17：风力发动机的监控或测试，例如诊断（试车过程中的测试入 F03D13/30）［2016.01］	21
10	H02K15：专用于制造、装配、维护或修理电机的方法或设备［2006.01］	13

6.2.8.2　国家电网有限公司

1. 专利申请趋势

图 6-23 展示的是国家电网有限公司（以下简称国家电网）双馈发电机全球专利申请量在 2013—2022 年的发展趋势。通过申请趋势可以从宏观层面把握分析对象在这一阶段的双馈发电机专利申请热度变化。2013—2014 年，国家电网双馈发电机全球专利申请量呈上升趋势，2013 年专利申请量为 66 件，2014 年专利申请量达到顶峰，为 77 件；2014—2016 年，国家电网双馈发电机全球专利申请量逐年下降，2016 年专利申请量为 48 件；2016—2018 年，国家电网双馈发电机全球专利申请量逐年上升，2018 年专利申请量为 62 件；2018—2020 年，国家电网双馈发电机全球专利申请量呈逐年下降趋势，2020 专利申请量为 46 件；2020—2022 年，国家电网双馈发电机全球专利申请量

波动上升，2021 年专利申请量为 63 件，2022 年专利申请量为 60 件。

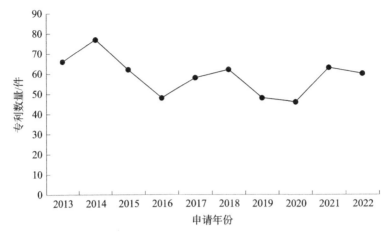

图 6-23 国家电网双馈发电机全球专利申请趋势

2. 专利法律状态

经过检索，获得国家电网双馈发电机全球专利共 608 件。图 6-24 展示的是这些专利处于有效、失效、审中等状态的占比情况。由图可知，有效专利 268 件，占专利总数的 44.1%；失效专利 152 件，占专利总数的 25.0%；审中专利 175 件，占专利总数的 28.8%；PCT 指定期内专利 3 件，占专利总数的 0.5%，PCT 指定期满专利 10 件，占专利总数的 1.6%。

3. 专利类型

图 6-25 展示的是国家电网双馈发电机专利类型分布。其中，发明专利 564 件，占总数的 92.8%，实用新型专利 44 件，占总数的 7.2%。

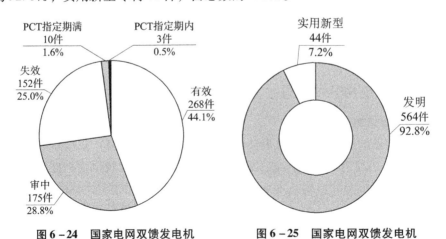

图 6-24 国家电网双馈发电机
专利法律状态分布

图 6-25 国家电网双馈发电机
专利类型分布

4. 专利技术来源国家或地区排名

图 6-26 所示为国家电网双馈发电机专利技术来源国家或地区排名。中国排在第

一位，说明国家电网双馈发电机专利技术主要来源国是中国。

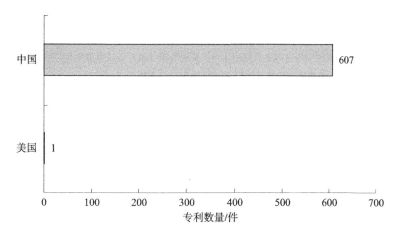

图 6 - 26　国家电网双馈发电机专利技术来源国家或地区排名

5. 专利目标市场排名

图 6 - 27 所示为国家电网双馈发电机专利技术目标市场排名。不难看出，中国等是该技术的重点布局所在。

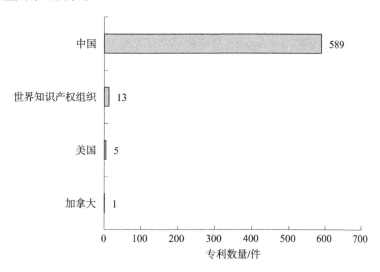

图 6 - 27　国家电网双馈发电机专利技术目标市场排名

6. 专利技术构成分析

表 6 - 20 展示的是国家电网双馈发电机专利主要技术构成及数量分布情况。通过分析，可以了解分析对象覆盖的技术类别及各技术分支的创新热度。对这些专利按照国际专利分类号（IPC）进行统计的结果显示，H02J3 大组的专利数量最多，为 380件；其次是 G06F17 大组，专利数量为 28 件；排在第三位的是 G06F30 大组，专利数量为 25 件；排在第四位的是 H02P9 大组，专利数量为 20 件；排在第五位的是 G01R31 大组，专利数量为 18 件。

表 6 - 20 国家电网双馈发电机专利技术领域分布（大组）

排名	国际专利分类号（IPC）大组	专利数量/件
1	H02J3：交流干线或交流配电网络的电路装置［2006.01］	380
2	G06F17：特别适用于特定功能的数字计算设备或数据处理设备或数据处理方法（信息检索，数据库结构或文件系统结构，G06F16/00）［2019.01］	28
3	G06F30：计算机辅助设计（CAD）	25
4	H02P9：用于取得所需输出值的发电机的控制装置［2006.01］	20
5	G01R31：电性能的测试装置；电故障的探测装置；以所进行的测试在其他位置未提供为特征的电测试装置（在制造过程中测试或测量半导体或固体器件入 H01L21/66；线路传输系统的测试入 H04B3/46）	18
6	G06Q10：行政；管理	17
7	H02H7：当出现正常工作条件的不希望有的变化时能完成自动切换的，专用于特种电机或电设备的或专用于电缆或线路系统分段保护的紧急保护电路装置（保护装置与特种机械或设备的结构组合以及它们的无自动断开的保护见该机械或设备的有关小类）［2006.01］	15
8	H02P21：通过矢量控制，例如磁场方向控制来控制电机的设备或方法	13
9	F03D7：风力发动机的控制（电能的供给或分配入 H02J，例如网络中调整、消除或补偿无功功率的装置入 H02J3/18；发电机的控制入 H02P，例如用于取得所需输出值的发电机的控制装置入 H02P9/00）［2006.01］	12
10	G05B17：包括使用所述系统的模型或模拟器的系统（G05B13/00，G05B15/00，G05B19/00 优先；用于特定过程、系统或装置的模拟计算机，例如模拟器，入 G06G7/48）［2006.01］	7

6.2.8.3 VESTAS WIND SYSTEMS A/S

1. 专利申请趋势

图 6 - 28 展示的是 VESTAS WIND SYSTEMS A/S 双馈发电机全球专利申请量在 2013—2022 年的发展趋势。通过申请趋势可以从宏观层面把握分析对象在这一阶段的双馈发电机专利申请热度变化。由图可以看出，2013—2014 年，VESTAS WIND SYS-TEMS A/S 双馈发电机全球专利申请量呈减少趋势，2013 年专利申请量为 25 件，2014 年专利申请量为 19 件；2014—2016 年，VESTAS WIND SYSTEMS A/S 双馈发电机全球专利申请量逐年上升，2016 年专利申请量为 43 件；2016—2017 年，VESTAS WIND SYSTEMS A/S 双馈发电机全球专利申请量下降，2017 年专利申请量为 32 件；2017—2020 年，VESTAS WIND SYSTEMS A/S 双馈发电机全球专利申请量逐年上升，2020 年达到顶峰，专利申请量为 56 件；2020—2022 年，VESTAS WIND SYSTEMS A/S 双馈发电机全球专利申请量呈迅速下降趋势，2021 专利申请量为 18 件，2022 专利申请量为 4 件。

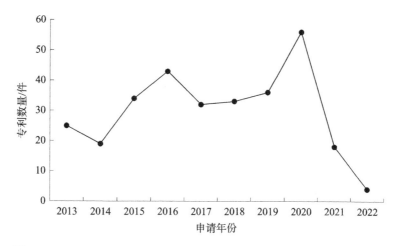

图 6 – 28　VESTAS WIND SYSTEMS A/S 双馈发电机全球专利申请趋势

2. 专利法律状态

经过检索，获得 VESTAS WIND SYSTEMS A/S 双馈发电机全球专利共 487 件。图 6 – 29 展示的是这些专利处于有效、失效、审中等状态的占比情况。由图可知，有效专利 218 件，占专利总数的 44.8%；失效专利 53 件，占专利总数的 10.9%；审中专利 67 件，占专利总数的 13.8%；PCT 指定期内专利 3 件，占比 0.6%，PCT 指定期满专利 146 件，占比 30.0%。

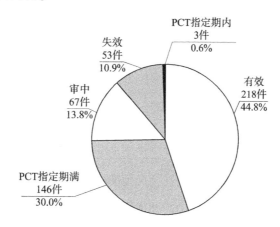

图 6 – 29　VESTAS WIND SYSTEMS A/S 双馈发电机专利法律状态分布

3. 专利类型

VESTAS WIND SYSTEMS A/S 的 487 件双馈发电机专利均为发明专利。

4. 专利技术来源国家或地区排名

图 6 – 30 展示了 VESTAS WIND SYSTEMS A/S 双馈发电机专利技术来源国家或地区排名。可以看出，丹麦以 420 件专利的绝对优势排在第一位，其次是美国 110 件，欧洲专利局排在第三位，这三个国家或地区是 VESTAS WIND SYSTEMS A/S 双馈发电机专利技术主要来源。

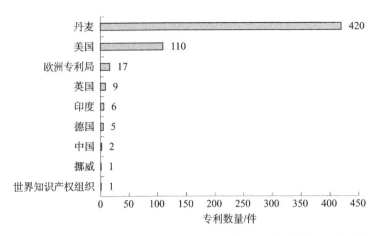

图 6-30 VESTAS WIND SYSTEMS A/S 双馈发电机专利技术来源国家或地区排名

5. 专利目标市场排名

图 6-31 展示了 VESTAS WIND SYSTEMS A/S 双馈发电机专利技术目标市场排名。不难看出，世界知识产权组织、欧洲、美国等是该技术的重点布局所在，布局专利分别为 149 件、148 件、116 件。

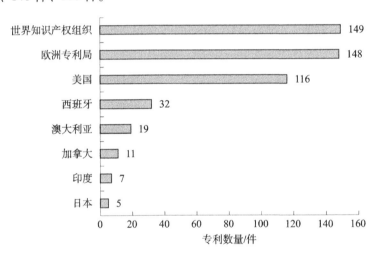

图 6-31 VESTAS WIND SYSTEMS A/S 双馈发电机专利技术目标市场排名

6. 专利技术构成分析

表 6-21 展示的是 VESTAS WIND SYSTEMS A/S 双馈发电机专利主要技术构成及数量分布情况。通过分析，可以了解分析对象覆盖的技术类别及各技术分支的创新热度。对这些专利按照国际专利分类号（IPC）进行统计的结果显示，F03D7 大组的专利数量最多，为 192 件；其次是 H02J3 大组，专利数量为 85 件；排在第三位的是 H02P9 大组，专利数量为 54 件；排在第四位的是 F03D9 大组，专利数量为 36 件；排在第五位的是 F03D1 大组，专利数量为 16 件。

表6-21 VESTAS WIND SYSTEMS A/S双馈发电机专利技术领域分布（大组）

排名	国际专利分类号（IPC）大组	专利数量/件
1	F03D7：风力发动机的控制（电能的供给或分配入H02J，例如网络中调整、消除或补偿无功功率的装置入H02J3/18；发电机的控制入H02P，例如用于取得所需输出值的发电机的控制装置入H02P9/00）[2006.01]	192
2	H02J3：交流干线或交流配电网络的电路装置 [2006.01]	85
3	H02P9：用于取得所需输出值的发电机的控制装置 [2006.01]	54
4	F03D9：特殊用途的风力发动机；风力发动机与受它驱动的装置的组合（与由风提供动力的车辆推进单元相结合的装置入B60K16/00；以与风力发动机相结合为特征的泵入F04B17/02）；安装于特定场所的风力发动机（产生电能的混合风力光伏能源系统入H02S10/12）[2016.01]	36
5	F03D1：具有基本上与进入发动机的气流平行的旋转轴线的风力发动机（其控制入F03D7/02）[2006.01]	16
6	H02M5：流功率输入变换为交流功率输出，例如用于改变电压、用于改变频率、用于改变相数的 [2006.01]	12
6	F03D13：风力发动机的装配、安装或试运行，适用于运输风力发动机部件的配置 [2016.01]	12
8	F03D80：不包含在组F03D1/00～F03D17/00中的零件、组件或附件 [2016.01]	10
9	H02M1：变换装置的零部件 [2007.01]	9
10	F03D11：不包含在本小类其他组中或与本小类其他组无关的零件、部件或附件	5

6.2.9 高被引专利

表6-22列出了10个双馈发电机高被引专利，并按施引专利申请数量进行排名。表6-23～表6-32列出了其详细信息。

表6-22 双馈发电机高被引专利

排名	申请号	专利名称	引文数量/篇	施引专利申请数量/个
1	US13164926	风力涡轮机和用于风力涡轮机的轴	11	745
2	US08725187	双馈机性能优化控制器及控制方法	19	417
3	US11255162	电力系统的方法和装置	99	262
4	US09862316	具有矩阵转换器的变速风力涡轮机	250	233
5	US14008932	电气、机械、计算/和/或其他由极低电阻材料制成的设备	22	210
6	US07304044	双馈发电机变速发电控制系统	30	186
7	US07605370	配电自动化智能远程终端单元	32	185
8	US10074904	具有带标量功率控制和相关变桨控制的无源电网侧整流器的变速风力涡轮机	159	184
9	US07931200	变速风力发电机的速度控制系统	2	176
10	US08907513	变速风力发电机	19	171

表 6 - 23　US13164926 申请的详细信息

专利名称	风力涡轮机和用于风力涡轮机的轴		
申请号	US13164926	申请日	2011/6/21
公开（公告）号	US8664792B2	公开（公告）日	2014/3/4
摘要	风力涡轮机的驱动轴被成形为允许轴的增加弯曲，同时适于在风力涡轮机系统中传递扭矩。这种成形的例子是驱动轴，该驱动轴具有在轴的表面上限定的螺旋肋。还描述了包括这种轴的风力涡轮机，以及制造这种轴的方法		

表 6 - 24　US08725187 申请的详细信息

专利名称	双馈机性能优化控制器及控制方法		
申请号	US08725187	申请日	1996/10/2
公开（公告）号	US5798631A	公开（公告）日	1998/8/25
摘要	变速恒频（VSCF）系统利用双馈电机（DFM）来最大化系统的输出功率。该系统包括向 DFM 提供频率信号和电流信号的功率转换器。功率转换器由自适应控制器控制。控制器向转换器发送信号以改变其频率信号，从而改变 DFM 的转子速度，直到检测到最大功率输出。控制器还向转换器发送信号以改变其电流信号，并由此改变由相应绕组承载的功率部分，直到感测到最大功率输出。可以增强控制以不仅最大化功率和效率，而且提供谐波和无功功率补偿		

表 6 - 25　US11255162 申请的详细信息

专利名称	电力系统的方法和装置		
申请号	US11255162	申请日	2005/10/20
公开（公告）号	US20060152085A1	公开（公告）日	2006/7/13
摘要	功率转换器系统拓扑包括第一 DC/DC 转换器，用于将高压母线的正极拉高，而第二 DC/DC 转换器将高压母线的负极拉高。DC/DC 转换器之一或两者可以是双向的。此类拓扑适用于单独的主电源和/或辅助电源。这样的拓扑可以包括 DC/AC 转换器，其可以是双向的。这样的拓扑可以包括一个或多个辅助 DC/DC 转换器，其可以是双向的。包括至少一个堆叠在另一个之上的多个基板可以增强包装		

表 6 - 26　US09862316 申请的详细信息

专利名称	具有矩阵转换器的变速风力涡轮机		
申请号	US09862316	申请日	2001/5/23
公开（公告）号	US6566764B2	公开（公告）日	2003/5/20
摘要	公开了一种变速风力涡轮机，包括驱动双馈感应发电机的涡轮转子、将可变频率输出转换为恒定频率输出的矩阵转换器，以及用于矩阵转换器的控制单元和保护电路。功率在系统中循环，实现转子位置的无传感器检测和来自系统的更好的功率输出比		

表 6 – 27　US14008932 申请的详细信息

专利名称	电气、机械、计算/和/或其他由极低电阻材料制成的设备		
申请号	US14008932	申请日	2012/3/30
公开（公告）号	US10333047B2	公开（公告）日	2019/6/25
摘要	描述了电气、机械、计算和/或其他设备，这些设备包括由极低电阻（ELR）材料形成的组件，这些材料包括但不限于改性的 ELR 材料、分层的 ELR 材料和新的 ELR 材料		

表 6 – 28　US07304044 申请的详细信息

专利名称	双馈发电机变速发电控制系统		
申请号	US07304044	申请日	1989/1/30
公开（公告）号	US4994684A	公开（公告）日	1991/2/19
摘要	公开了一种装置和方法，其通过利用涡轮机和双馈发电机的变速发电系统来控制任意资源能量到机械能以及随后到电能的转换，该变速发电系统通过双馈发电机直接连接到一定频率的电网。通过控制转子绕组的励磁频率来对转子速度进行电子控制，该设备具有在最大涡轮效率和最小发电机损耗之间进行最佳权衡的能力，从而确保了整个转换过程的最大效率，而与资源和电力负荷的变化情况无关。发电机的励磁要求被限制在中等水平，但是允许从零速度开始有较大的转子速度变化余量。实施了一种集成策略，可以有效地协调这些任务的执行以及对发电机端子电压以及有功和无功功率输出的独立控制。相应地执行所有需要的信号处理，而无须麻烦地测量涡轮机的输入和输出功率或发电机损耗		

表 6 – 29　US07605370 申请的详细信息

专利名称	配电自动化智能远程终端单元		
申请号	US07605370	申请日	1990/10/29
公开（公告）号	US5237511A	公开（公告）日	1993/8/17
摘要	一种改进的配电自动化远程终端单元，可直接连接到配电馈线。本发明的配电自动化远程终端单元直接连接到馈线上的电压和电流传感器以感测配电馈线上的信号的存在。远程终端单元包括与电位传感器互连的第一变压器，以产生与配电馈线上的交流电位波形同相对应的降低峰峰电压的电位信号。第二变压器直接耦合到电流传感器，用于产生降低的峰峰电压的电流信号，该电流信号仅与配电馈线上的交流电流波形同相对应。降低的峰峰电压信号被传送到多路复用器并被采样预定次数。然后采样的模拟电压由数模转换器数字化并传送到数字信号处理器，确定波形参数。然后，微控制器访问波形参数以确定信息，例如配电馈线上的上游和下游设备的运行情况。该信息通过通信链路有选择地传输到远程主站		

表 6 - 30　US10074904 申请的详细信息

专利名称	具有带标量功率控制和相关变桨控制的无源电网侧整流器的变速风力涡轮机		
申请号	US10074904	申请日	2002/2/11
公开（公告）号	US7015595B2	公开（公告）日	2006/3/21
摘要	公开了一种变速风力涡轮机，其具有使用标量功率控制和相关变桨控制的无源电网侧整流器。变速涡轮机可包括为电网提供功率的发电机和耦合至发电机的功率转换系统。功率转换系统可以包括至少一个无源电网侧整流器。功率转换系统可以使用无源电网侧整流器向发电机提供功率。变速风力涡轮机还可使用标量功率控制来提供对电网上电量的更精确控制。变速风力涡轮机可以进一步使用相关的俯仰控制来改善风力涡轮机的响应性		

表 6 - 31　US07931200 申请的详细信息

专利名称	变速风力发电机的速度控制系统		
申请号	US07931200	申请日	1992/8/17
公开（公告）号	US5289041A	公开（公告）日	1994/2/22
摘要	公开了一种用于操作变速涡轮机以跟踪风速波动，从而实现风能到电能的高效转换的控制器和方法。本发明的控制器根据由风观测器提供的风速来控制转子速度，近似地跟踪变化的风速。偏航角误差传感器感测涡轮机与风向未对准的程度。风力观测器预测随后时间点的平均风速。平均风速应用于参数表以确定转子速度和扭矩的期望值，转子速度稳定器使用这些值来指令参考负载扭矩。根据指令的负载转矩控制发电机的负载转矩，使其近似于所需的转子速度。在运行期间，风速预测过程在每个后续时间间隔重复进行，并相应地控制负载扭矩，从而控制转子速度。风力观测器计算气动扭矩，然后计算净扭矩。风速被预测为当前（先前预测的）风速和校正项的函数，包括净转矩、偏航角误差以及预测和实际转子速度之间的差异。每当风力涡轮机转子转动时，无论是否在发电，风力观测器都很有用		

表 6 - 32　US08907513 申请的详细信息

专利名称	变速风力发电机		
申请号	US08907513	申请日	1997/8/8
公开（公告）号	US6137187A	公开（公告）日	2000/10/24
摘要	描述了一种如用于风力涡轮机中的变速系统。该系统包括一个绕线转子感应发电机、一个转矩控制器和一个比例积分微分（PID）变桨控制器。转矩控制器使用磁场定向控制发电机转矩，PID 控制器根据发电机转子速度进行桨距调节		

6.3　永磁同步发电机

6.3.1　技术研究背景

永磁同步发电机是一种常见的风力发电机类型，它采用永磁体作为励磁源，与传统的感应式发电机相比，具有更高的能量转换效率、更低的损耗和更小的体积。其技术研究背景可以从以下几个方面来考虑。

可再生能源发展的需求：随着全球能源需求的不断增长和对传统化石能源的依赖问题，可再生能源成为全球能源领域的热点。而风电是其中最为成熟和广泛应用的可再生能源之一，因此永磁同步发电机的研究和开发也得到了越来越多的关注。

电气技术的发展：随着电气技术的不断进步，电子元件的性能和控制技术也得到了显著提高。这为永磁同步发电机的研究和开发提供了良好的技术基础。

永磁材料技术的进步：永磁同步发电机需要使用高性能的永磁材料作为励磁源，因此永磁材料技术的进步也是其发展的关键。随着新型永磁材料的研究和应用，永磁同步发电机的性能和效率也得到了进一步提高。

传统感应式发电机的局限性：传统感应式发电机需要通过外部励磁源来产生磁场，因此存在能量转换效率低、损耗大、稳定性差等问题。而永磁同步发电机通过直接利用永磁体产生磁场，可以有效地解决这些问题。

6.3.2　技术发展历程

初期研究阶段：20 世纪 80 年代初，永磁材料技术开始得到广泛应用，人们开始尝试将永磁材料应用于发电机中，以提高发电机的效率和性能。在这一阶段，永磁同步发电机的研究主要集中在实验室中，并没有大规模应用于实际生产中。

技术成熟阶段：20 世纪 90 年代，随着永磁材料技术的不断进步和电子控制技术的发展，永磁同步发电机的性能得到了显著提高，并开始在风力发电中得到应用。与传统异步发电机相比，永磁同步发电机具有更高的转换效率和更小的体积，同时还可以实现无级变速控制。因此，它逐渐成为风力发电机中的主流技术之一。

多级结构阶段：21 世纪初，随着风力发电技术的不断发展和风力发电机容量的不断增加，永磁同步发电机的单机容量已经无法满足需求，因此开始出现了多级结构的永磁同步发电机。这种发电机可以通过多个电机单元组成，以提高整个系统的容量和性能。

高温超导材料应用阶段：21 世纪 10 年代，随着高温超导材料的发展和应用，人们开始尝试将高温超导材料应用于永磁同步发电机中，以提高其效率和性能。这种新型永磁同步发电机被称为高温超导永磁同步发电机，具有更高的转速和更高的能量转换效率。

可以看出，永磁同步发电机在风力发电机中的应用历程经历了从实验室研究到实际应用推广的过程，同时也经历了从单机容量到多级结构、从传统材料到高温超导材料的技术升级和改进过程。

6.3.3　全球市场规模

永磁同步发电机在风力发电机中的应用逐渐增加，市场规模随之不断扩大。根据市场研究机构的报告，2019 年全球永磁同步发电机的市场规模达到 27 亿美元，其中约 80%用于风力发电机。

预计在未来几年内，随着风力发电产业的快速发展和技术的不断提升，永磁同步发电机的市场规模还将继续增长。根据一些市场研究机构的预测，到 2027 年，全球永磁同步发电机的市场规模将达到 44 亿美元，其中风力发电机仍然是其主要的应用领域。

6.3.4　全球专利申请趋势

图 6 - 32 展示的是永磁同步发电机全球专利申请量在 2013—2021 年的发展趋势。通过申请趋势可以从宏观层面把握这一阶段的永磁同步发电机专利申请热度变化。由图可以看出，2013—2014 年，永磁同步发电机全球专利申请量呈下降趋势，2013 年专利申请量为 1895 件，2014 年专利申请量为 1859 件；2014—2019 年，永磁同步发电机全球专利申请量逐年上升，2016 年专利申请量为 2383 件，2019 年达到顶峰，专利申请量为 3624 件；2019—2021 年，永磁同步发电机全球专利申请量呈下降趋势，2020 年专利申请量为 3222 件，2021 年专利申请量为 2128 件。

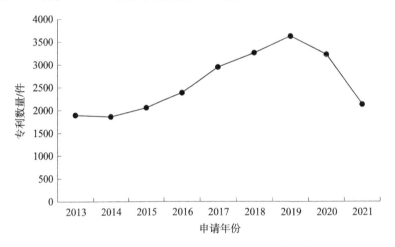

图 6 - 32　永磁同步发电机全球专利申请趋势

6.3.5　全球专利主要来源国家或地区

图 6 - 33 展示了永磁同步发电机全球专利在主要申请国家或地区的数量分布情况。由图可以看出，日本、美国、中国是永磁同步发电机专利重点申请国家或地区，数量分别为 11197 件、11016 件、8269 件。紧跟其后的为德国 2836 件，欧洲专利局 1608 件。

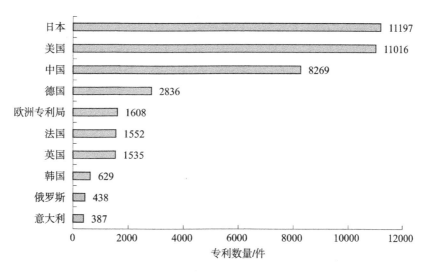

图 6 - 33　永磁同步发电机全球专利在主要申请国家或地区的数量分布

这一情况表明，日本、美国、中国等国家和地区是永磁同步发电机专利布局的主要区域，企业可以跟踪、引进和消化该领域技术，在此基础上实现技术突破。

6.3.6　全球专利申请人分析

表 6 - 33 展示的是按照所属申请人（专利权人）的专利数量统计的永磁同步发电机全球专利主要申请人排名情况。通过分析，可以发现 DAIICHI SHOKAI CO. , LTD. 等主体是永磁同步发电机技术创新成果积累较多的专利申请人，其专利竞争实力较强。

表 6 - 33　永磁同步发电机全球专利主要申请人排名

排名	申请人	专利数量/件
1	DAIICHI SHOKAI CO. , LTD.	3591
2	西门子公司	1125
3	丰田自动车株式会社	965
4	株式会社电装	810
5	通用电气公司	724
6	日产自动车株式会社	506
7	株式会社日立制作所	445
8	本田技研工业株式会社	326
9	福特全球技术公司	305
10	三菱电机株式会社	303

6.3.7 全球专利技术构成分析

表 6 - 34 展示的是全球永磁同步发电机专利主要技术构成及数量分布情况。通过该分析可以了解分析对象覆盖的技术类别及各技术分支的创新热度。对这些专利按照国际专利分类号（IPC）进行统计的结果显示，A63F7 大组的专利数量最多，为 3638件；其次是 H02K1 大组，专利数量为 2856 件；排在第三位的是 H02J3 大组，专利数量为 1613 件；排在第四位的是 H02K21 大组，专利数量为 1346 件；排在第五位的是 H02P9 大组，专利数量为 1320 件。

表 6 - 34   全球永磁同步发电机专利技术领域分布（大组）

排名	国际专利分类号（IPC）大组	专利数量/件
1	A63F7：玩小型运动物体，如球、圆盘、方块的室内游戏（棋盘游戏，抽彩游戏入 A63F3/00；轮盘赌入 A63F5/00；使用具有二维或多维与游戏有关显示图像的电子显示器的游戏方面入 A63F13/00；微型滚木球游戏入 A63D3/00；弹球或类似游戏入 A63D13/00；台球、落袋台球游戏入 A63D15/00）［2006.01］	3638
2	H02K1：磁路零部件（继电器磁路入 H01H50/16）［2006.01］	2856
3	H02J3：交流干线或交流配电网络的电路装置［2006.01］	1613
4	H02K21：有永久磁体的同步电动机；有永久磁体的同步发电［2006.01］	1346
5	H02P9：用于取得所需输出值的发电机的控制装置［2006.01］	1320
6	F03D9：特殊用途的风力发动机；风力发动机与受它驱动的装置的组合（与由风提供动力的车辆推进单元相结合的装置入 B60K16/00；以与风力发动机相结合为特征的泵入 F04B17/02）；安装于特定场所的风力发动机（产生电能的混合风力光伏能源系统入 H02S10/12）［2016.01］	1217
7	H02K7：结构上与电机连接用于控制机械能的装置，例如结构上与机械的驱动机或辅助电机连接［2006.01］	942
8	H02P6：控制同步电动机或其他使用依赖转子位置的电子换向器的机电电动机的装置；电子换向器（矢量控制入 H02P21/00）	898
9	F03D7：风力发动机的控制（电能的供给或分配入 H02J，例如网络中调整、消除或补偿无功功率的装置入 H02J3/18；发电机的控制入 H02P，例如用于取得所需输出值的发电机的控制装置入 H02P9/00）［2006.01］	878
10	H02K3：绕组的零部件［2006.01］	829

6.3.8 主要申请人永磁同步发电机专利分析

6.3.8.1 DAIICHI SHOKAI CO.，LTD.

1. 专利申请趋势

图 6 - 34 展示的是 DAIICHI SHOKAI CO.，LTD. 永磁同步发电机全球专利申请量

2014—2022 年的发展趋势。通过申请趋势可以从宏观层面把握分析对象在这一阶段的永磁同步发电机专利申请热度变化。由图可以看出，2014—2019 年，DAIICHI SHOKAI CO.，LTD. 永磁同步发电机全球专利申请量逐年上升，2014 年专利申请量仅有 1 件，2016 年专利申请量增至 212 件，随后一路攀升，于 2019 年达到顶峰，专利申请量为 1035 件；从 2019 年开始，DAIICHI SHOKAI CO.，LTD. 永磁同步发电机全球专利申请量迅速下降，2021 年专利申请量为 57 件，2022 专利申请量为 22 件。

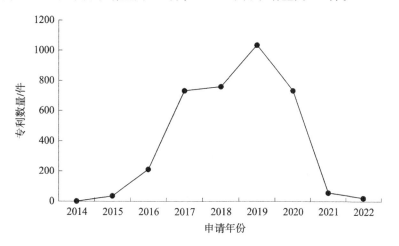

图 6 - 34　DAIICHI SHOKAI CO.，LTD. 永磁同步发电机全球专利申请趋势

2. 专利法律状态

经过检索，获得 DAIICHI SHOKAI CO.，LTD. 永磁同步发电机全球专利共 3591 件。图 6 - 35 展示的是这些专利处于有效、失效、审中三种状态的占比情况。由图可知，有效专利 2544 件，占专利总数的 70.8%；失效专利 350 件，占专利总数的 9.7%；审中专利 694 件，占专利总数的 19.4%。

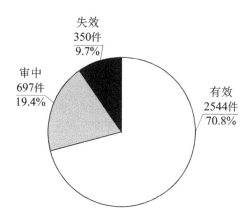

图 6 - 35　DAIICHI SHOKAI CO.，LTD. 永磁同步发电机专利法律状态

3. 专利类型

DAIICHI SHOKAI CO.，LTD. 的 3591 件永磁同步发电机专利均为发明专利。

4. 专利技术来源国家或地区排名

DAIICHI SHOKAI CO.，LTD. 的 3591 件永磁同步发电机专利技术来源于日本。

5. 专利目标市场排名

DAIICHI SHOKAI CO.，LTD. 的永磁同步发电机专利技术目标市场为日本。

6. 专利技术构成分析

DAIICHI SHOKAI CO.，LTD. 的 3591 件永磁同步发电机专利均落入国际专利分类号（IPC）A63F7 大组中。

6.3.8.2　西门子公司

1. 专利申请趋势

图 6-36 展示的是西门子公司永磁同步发电机全球专利申请量 2013—2022 年的发展趋势。通过申请趋势可以从宏观层面把握分析对象在这一阶段的专利申请热度变化。由图可以看出，2013—2018 年，西门子公司永磁同步发电机全球专利申请量呈波动变化且略有增长趋势，2013 年专利申请量为 60 件，2014 年专利申请量减少至 38 件，2015 年专利申请量又增加至 59 件，2017 年专利申请量减少至 36 件，2018 年专利申请量为 68 件；2018—2020 年，西门子公司永磁同步发电机全球专利申请量持续上升，2020 年达到顶峰，专利申请量为 71 件；从 2020 年开始，西门子公司永磁同步发电机全球专利申请量呈迅速下降趋势，2022 专利申请量为 6 件。

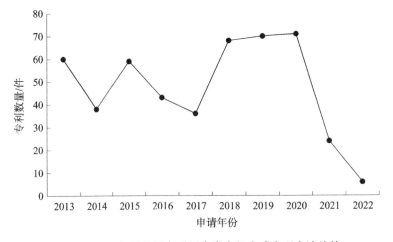

图 6-36　西门子公司永磁同步发电机全球专利申请趋势

2. 专利法律状态

经过检索，获得西门子公司永磁同步发电机全球专利共 1125 件。图 6-37 展示的是这些专利处于有效、失效、审中等状态的占比情况。由图可知，有效专利 228 件，占专利总数的 20.3%；失效专利 606 件，占专利总数的 53.9%；审中专利 91 件，占专利总数的 8.1%；法律状态未知的专利 53 件，占专利总数的 4.7%；PCT 指定期内专利

7件，占专利总数的0.6%，PCT指定期满专利140件，占专利总数的12.4%。

3. 专利类型

图6-38展示的是西门子公司永磁同步发电机专利类型分布。其中，发明专利1112件，占总数的98.8%；实用新型专利13件，1.2%。

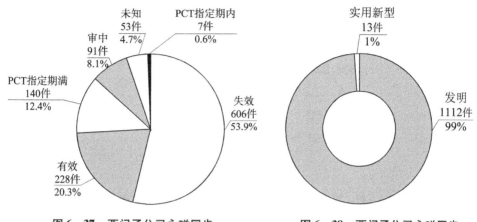

图6-37　西门子公司永磁同步
发电机专利法律状态分布

图6-38　西门子公司永磁同步
发电机专利类型分布

4. 专利技术来源国家或地区排名

图6-39展示了西门子公司永磁同步发电机专利技术来源国家或地区排名。欧洲专利局排在第一位，说明西门子公司永磁同步发电机专利技术主要来源地区是欧洲专利局。

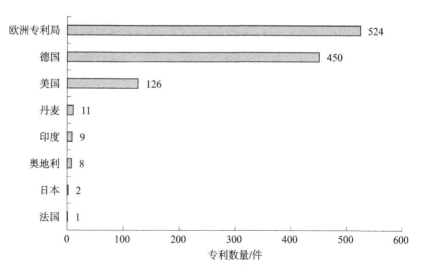

图6-39　西门子公司永磁同步发电机专利技术来源国家或地区排名

5. 专利目标市场排名

图6-40展示了西门子公司永磁同步发电机专利技术目标市场排名。不难看出，欧洲专利局、德国、世界知识产权组织和美国等是该技术的重点布局所在。

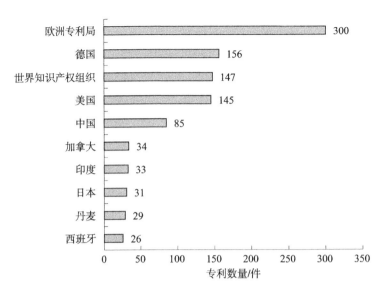

图 6 - 40 西门子公司永磁同步发电机专利技术目标市场排名

6. 专利技术构成分析

表 6 - 35 展示的是西门子公司永磁同步发电机专利主要技术构成及数量分布情况。通过分析，可以了解分析对象覆盖的技术类别及各技术分支的创新热度。对这些专利按照国际专利分类号（IPC）进行统计的结果显示，H02K1 大组的专利数量最多，为 165 件；其次是 F03D9 大组，专利数量为 64 件；排在第三位的是 H02K3 大组，专利数量为 56 件；排在第四位的是 H02P9 大组，专利数量为 54 件；排在第五位的是 H02K9 大组，专利数量为 53 件。

表 6 - 35 西门子公司永磁同步发电机专利技术领域分布（大组）

排名	国际专利分类号（IPC）大组	专利数量/件
1	H02K1：磁路零部件（继电器磁路入 H01H50/16）［2006.01］	165
2	F03D9：特殊用途的风力发动机；风力发动机与受它驱动的装置的组合（与由风提供动力的车辆推进单元相结合的装置入 B60K16/00；以与风力发动机相结合为特征的泵入 F04B17/02）；安装于特定场所的风力发动机（产生电能的混合风力光伏能源系统入 H02S10/12）［2016.01］	64
3	H02K3：绕组的零部件［2006.01］	56
4	H02P9：用于取得所需输出值的发电机的控制装置［2006.01］	54
5	H02K9：冷却或通风装置（磁路部件中的通道或导管入 H02K 1/20，H02K 1/32；导体中或导体间的通道或导管入 H02K 3/22，H02K 3/24）［2006.01］	53
6	F03D7：风力发动机的控制（电能的供给或分配入 H02J，例如网络中调整、消除或补偿无功功率的装置入 H02J3/18；发电机的控制入 H02P，例如用于取得所需输出值的发电机的控制装置入 H02P9/00）［2006.01］	48
7	H02K21：有永久磁体的同步电动机；有永久磁体的同步发电［2006.01］	40

排名	国际专利分类号（IPC）大组	专利数量/件
8	H02J3：交流干线或交流配电网络的电路装置［2006.01］	31
9	H02K15：专用于制造、装配、维护或修理电机的方法或设备［2006.01］	24
10	H02K7：结构上与电机连接用于控制机械能的装置，例如结构上与机械的驱动机或辅助电机连接［2006.01］	21

6.3.8.3 丰田自动车株式会社

1. 专利申请趋势

图6-41展示的是丰田自动车株式会社永磁同步发电机全球专利申请量2013—2022年的发展趋势。通过申请趋势可以从宏观层面把握分析对象在这一阶段的专利申请热度变化。由图可以看出，2013—2014年，丰田自动车株式会社永磁同步发电机全球专利申请量呈下降趋势，2013年专利申请量为30件，2014年专利申请量为18件；2014—2015年，丰田自动车株式会社永磁同步发电机全球专利申请量呈上升趋势，2015年专利申请量为28件；2015—2016年，丰田自动车株式会社永磁同步发电机全球专利申请量呈下降趋势，2016年专利申请量为24件；2016—2019年，丰田自动车株式会社永磁同步发电机全球专利申请量迅速上升，2019年达到顶峰，专利申请量为69件；2019—2022年，丰田自动车株式会社永磁同步发电机全球专利申请量呈迅速下降趋势，2021专利申请量为38件，2022专利申请量为6件。

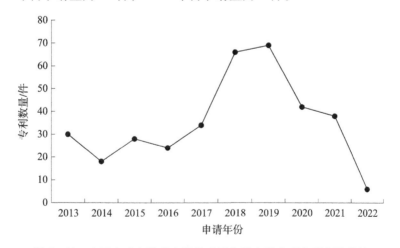

图6-41 丰田自动车株式会社永磁同步发电机全球专利申请趋势

2. 专利法律状态

经过检索，获得丰田自动车株式会社永磁同步发电机全球专利共965件。图6-42展示的是这些专利处于有效、失效、审中等状态的占比情况。由图可知，有效专利322件，占专利总数的33.4%；失效专利373件，占专利总数的38.7%；审中专利202件，占专利总数的20.9%，法律状态未知的专利为9件，占总数的0.9%，PCT指定期满专利 59 件，占总数的 6.1%。

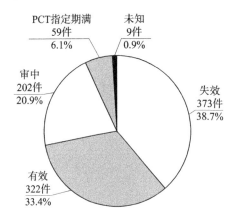

图 6-42　丰田自动车株式会社永磁同步发电机专利法律状态分布

3. 专利类型

丰田自动车株式会社 965 件永磁同步发电机专利均为发明专利。

4. 专利技术来源国家或地区排名

图 6-43 展示的是丰田自动车株式会社永磁同步发电机专利技术来源国家或地区排名。日本排在第一位，说明丰田自动车株式会社永磁同步发电机专利技术主要来源国是日本。

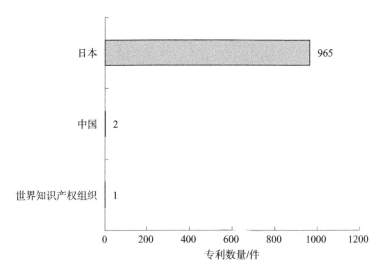

图 6-43　丰田自动车株式会社永磁同步发电机专利技术来源国家或地区排名

5. 专利目标市场排名

图 6-44 展示的是丰田自动车株式会社永磁同步发电机专利技术市场排名。不难看出，日本和中国等是该技术的重点布局所在。

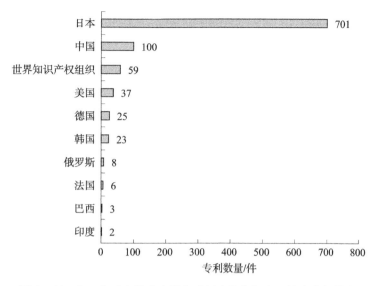

图6-44 丰田自动车株式会社永磁同步发电机专利技术市场排名

6. 专利技术构成分析

表6-36展示的是丰田自动车株式会社永磁同步发电机专利主要技术构成及数量分布情况。通过分析，可以了解分析对象覆盖的技术类别及各技术分支的创新热度。对这些专利按照国际专利分类号（IPC）进行统计的结果显示，B60W10大组专利数量最多，为145件；其次是H02J7大组，专利数量为59件；排在第三位的是B60W20大组，专利数量为54件；排在第四位的是B60L11大组，专利数量为46件；排在第五位的是B60L3大组，专利数量为46件。

表6-36 西门子公司永磁同步发电机专利技术领域分布（大组）

排名	国际专利分类号（IPC）大组	专利数量/件
1	B60W10：不同类型或不同功能的车辆子系统的联合控制（用于以车辆内部电源提供纯电力牵引的车辆的入 B60L50/00 – B60L58/00）［2006.01］	145
2	H02J7：用于电池组的充电或去极化或用于由电池组向负载供电的装置［2006.01］	59
3	B60W20：专门适用于混合动力车辆，即，具有两个或多个不止一种类型的原动机	54
4	B60L11：用车辆内部电源的电力牵引（B60L 8/00、B60L 13/00 优先；用于相互或共同牵引的包含电动机和内燃机的原动机的布置或安装入 B60K 6/20）	46
5	B60L3：电动车辆上安全用电装置；运转变量，例如速度、减速、能量消耗的监测（用于监测或控制电池或燃料电池的方法或电路装置入 B60L58/00）［2019.01］	43
6	F02D29：发动机控制，尤其适用于发动机所驱动的装置，该装置不是发动机工作的基本部件或附件，如用外部信号控制发动机［2006.01］	36
7	H01M8：燃料电池；及其制造	28
8	B60L50：用车辆内部电源的电力牵引（由自然力供电的，如太阳能或风能入 B60L 8/00；用于单轨车辆，悬置式车辆或齿轨铁路的入 B60L13/00）［2019.01］	25

排名	国际专利分类号（IPC）大组	专利数量/件
9	B60K17：车辆传动装置的布置或安装（传递转矩的轴入 B60B35/12；用于使不可偏转车轮转向的传动装置和转向机构的组合入 B62D11/00；离合器本身，如其结构入 F16D；传动装置本身，如其结构入 F16H）［2006.01］	23
10	B60L15：控制电动车辆驱动（如其牵引电动机速度）以达到其预想性能的方法、电路或机构；电动车辆上控制设备的配置，用于从固定地点，或者从车辆的可选部件或从同一车队的可选车辆上进行远程操纵［2006.01］	19

6.3.9 高被引专利

表 6 – 37 列出了 10 个永磁同步发电机高被引专利，并按施引专利申请数量进行排名。表 6 – 38 ~ 表 6 – 47 列出了其详细信息。

表 6 – 37 永磁同步发电机高被引专利

排名	申请号	专利名称	引文数量/篇	施引专利申请数量/个
1	US13369584	具有凸轮驱动的钉书钉布放装置的外科缝合器械	2374	2079
2	US14226142	包括传感器系统的手术器械	4864	2034
3	US13118190	机器人控制的电动手术切割和固定器械	2526	1993
4	US14640746	操作电动手术器械的方法	4971	1985
5	US14640859	时间相关的传感器数据评估，以确定稳定性、蠕变和黏弹性要素	5197	1891
6	US14248595	包括开关的手术器械轴，用于控制手术器械的操作	4990	1760
7	US12116876	便携式设备的感应充电系统和方法	331	1654
8	US14640935	重叠式多传感器射频（RF）电极系统以测量组织压迫	7783	1611
9	US14640799	位于旋转轴上的信号和电源通信系统	5099	1577
10	US11480231	网状网络个人应急设备	16	1559

表 6 – 38 US13369584 申请的详细信息

专利名称	具有凸轮驱动的钉书钉布放装置的外科缝合器械		
申请号	US13369584	申请日	2012/2/9
公开（公告）号	US8573461B2	公开（公告）日	2013/11/5
摘要	外科切割和固定工具。该器械包括末端执行器，该末端执行器具有与之耦合的轴，该轴耦合至机器人系统。工具安装部分包括 DC 电动马达，该 DC 电动马达连接到轴中的传动系以为传动系提供动力。提供了一种动力包，其包括至少一个电荷累积装置，该电荷累积装置连接到直流电动机以为直流电动机供电		

表 6 - 39　US14226142 申请的详细信息

专利名称	包括传感器系统的手术器械		
申请号	US14226142	申请日	2014/3/26
公开（公告）号	US9913642B2	公开（公告）日	2018/3/13
摘要	手术器械可以包括：手柄；轴组件；配置为检测手术器械的状况的第一传感器和配置为检测手术器械的状况的第二传感器。外科器械可以进一步包括：处理器，其中第一传感器和第二传感器与处理器进行信号通信，其中处理器从第一传感器接收第一信号，其中处理器从第二传感器接收第二信号，其中处理器被配置为利用第一信号和第二信号来确定状况，并且其中处理器被配置为鉴于状况而将指令传达给外科器械		

表 6 - 40　US13118190 申请的详细信息

专利名称	机器人控制的电动手术切割和固定器械		
申请号	US13118190	申请日	2011/5/27
公开（公告）号	US9179912B2	公开（公告）日	2015/11/10
摘要	外科切割和固定工具。该器械包括端部执行器，该端部执行器具有连接至其上的轴，该轴连接至机器人系统。工具安装部分包括 DC 电动马达，该 DC 电动马达连接到轴中的传动系以为传动系提供动力。提供了一种动力包，其包括至少一个电荷累积装置，该电荷累积装置连接到直流电动机以为直流电动机供电		

表 6 - 41　US14640746 申请的详细信息

专利名称	操作电动手术器械的方法		
申请号	US14640746	申请日	2015/3/6
公开（公告）号	US9808246B2	公开（公告）日	2017/11/7
摘要	公开了一种操作外科器械的方法。所述手术器械包括电子系统，所述电子系统包括：耦接到所述末端执行器的电动机；以及马达控制器，其耦接至马达；参数阈值检测模块，用于监测多个参数阈值；感测模块，其被配置为感测组织压缩；处理器，耦合至参数阈值检测模块和电机控制器；存储器，耦合到处理器。存储器存储可执行指令，这些可执行指令在由处理器执行时使处理器监视动作阈值的多个级别并监视电动机的速度，并递增电动机的驱动单元，感测组织压缩，并向用户提供速率和控制反馈		

表 6 - 42　US14640859 申请的详细信息

专利名称	时间相关的传感器数据评估，以确定稳定性，蠕变和黏弹性要素		
申请号	US14640859	申请日	2015/3/6
公开（公告）号	US10052044B2	公开（公告）日	2018/8/21
摘要	公开了一种动力外科切割和缝合器械。该仪器包括：至少一个传感器以测量与该仪器相关联的至少一个参数，至少一个处理器以及与该处理器可操作地相关联的存储器。存储器包括机器可执行指令，该机器可执行指令在由处理器执行时使处理器在预定时间段内监视至少一个传感器并确定所测量的参数的变化率		

表 6 – 43　US14248595 申请的详细信息

专利名称	包括开关的手术器械轴，用于控制手术器械的操作		
申请号	US14248595	申请日	2014/4/9
公开（公告）号	US20140305988A1	公开（公告）日	2014/10/16
摘要	公开了一种手术器械系统。外科器械系统可包括手柄和可选择性地组装到手柄的多个轴。每个轴可以包括传感器系统，该传感器系统可以在使用过程中引导手柄的操作		

表 6 – 44　US12116876 申请的详细信息

专利名称	便携式设备的感应充电系统和方法		
申请号	US12116876	申请日	2008/5/7
公开（公告）号	US8169185B2	公开（公告）日	2012/5/1
摘要	一种用于在感应充电或电力系统中进行可变功率传输的系统和方法。根据一个实施例，该系统包括垫或类似的基本单元，该垫或类似的基本单元包含初级部分，初级部分产生交变磁场。接收器包括：从来自垫的交变磁场接收能量并将其传递到移动设备、电池或其他设备。根据各种实施例，可以将附加特征结合到系统中以提供更高的功率传输效率，并允许针对具有不同功率需求的应用容易地修改系统。其中包括：用于制造初级线圈和/或接收线圈的材料的变化；修改后的电路设计，可用于初级和/或接收器一侧		

表 6 – 45　US14640935 申请的详细信息

专利名称	重叠式多传感器射频（RF）电极系统以测量组织压迫		
申请号	US14640935	申请日	2015/3/6
公开（公告）号	US10548504B2	公开（公告）日	2020/2/4
摘要	公开了一种组织压迫传感器系统。该组织压缩系统包括位于末端执行器上的 RF 电极；第一电触点位于端部执行器的砧座或通道框架中的一个上；第一滤波器可通信地耦合到第一电触点		

表 6 – 46　US14640799 申请的详细信息

专利名称	位于旋转轴上的信号和电源通信系统		
申请号	US14640799	申请日	2015/3/6
公开（公告）号	US9901342B2	公开（公告）日	2018/2/27
摘要	外科器械组件可包括：手柄，其包括电动机；轴组件，其包括驱动构件；以及磁体，其被配置为产生磁场。手术器械组件还包括：一个可旋转的输出轴，其可操作地与电动机和驱动构件连接；以及两个绕在该输出轴上的，位于磁场中的绕线线圈。当输出轴绕纵轴旋转时，线圈在磁场内旋转，从而在线圈中感应出电流。外科器械组件还包括：应变仪，其安装至输出轴，该应变仪被配置为检测在输出轴内产生的应变；此外，电路还包括安装至输出轴的电路		

表 6 – 47　US11480231 申请的详细信息

专利名称	网状网络个人应急设备		
申请号	US11480231	申请日	2006/6/30
公开（公告）号	US7733224B2	公开（公告）日	2010/6/8
摘要	一种监视系统，包括：形成无线网状网络的一个或多个无线节点；以及 一种用户活动传感器，包括无线网状收发器，其适于使用无线网状网络与一个或多个无线节点通信；数字监视代理，通过无线网状网络耦合到无线收发器，以基于用户活动传感器请求第三方的协助		